高职高专基于工作过程的教育教学改革成果

高职高专“十二五”规划教材★食品类系列

食品理化检测技术

李五聚　崔惠玲　主编

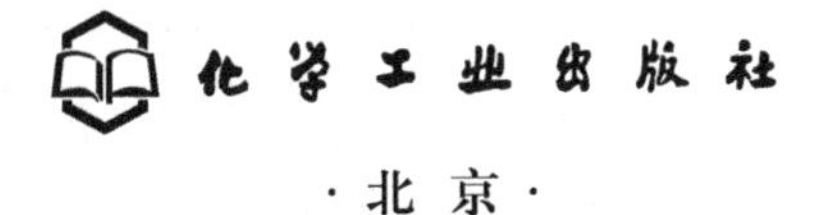

·北京·

内 容 提 要

本书依据食品检测岗位的实际工作内容和国家标准，以岗位技能需求为主线，是一部关于食品理化检测的实用技能型教材。

本书参照中华人民共和国国家标准《食品卫生检验方法　理化部分》，有目的地选取和组织了18项食品理化检测任务的基础理论、任务工单及5个综合实训项目，测定方法均采用最新的国家标准、行业标准，不仅利于对学生动手操作能力和检测技能的培养，而且也有助于提高食品企业质检员的理论水平和检测能力。

本书可作为高职高专食品营养与检测、食品加工技术、农产品检测专业及相关专业师生的教材，也可作为食品企业质量检验技术人员的在岗培训用书。

图书在版编目（CIP）数据

食品理化检测技术/李五聚，崔惠玲主编．—北京：化学工业出版社，2012.9（2021.9重印）
高职高专"十二五"规划教材★食品类系列
ISBN 978-7-122-15046-2

Ⅰ.①食…　Ⅱ.①李…②崔…　Ⅲ.①食品检验
Ⅳ.①TS207.3

中国版本图书馆CIP数据核字（2012）第184027号

责任编辑：梁静丽　李植峰　　　装帧设计：史利平
责任校对：宋　夏

出版发行：化学工业出版社（北京市东城区青年湖南街13号　邮政编码100011）
印　　装：北京虎彩文化传播有限公司
787mm×1092mm　1/16　印张10½　字数257千字　2021年9月北京第1版第6次印刷

购书咨询：010-64518888　　　售后服务：010-64518899
网　　址：http://www.cip.com.cn
凡购买本书，如有缺损质量问题，本社销售中心负责调换。

定　　价：35.00元

《食品理化检测技术》编写人员名单

主　　编　李五聚　崔惠玲

副 主 编　马川兰

编写人员　（按姓名汉语拼音排列）

崔惠玲　郭志芳　李　轲　李五聚　马川兰

余健霞　张百胜　张首玉　张艳艳　周婧琦

前　言

食品理化检测技术课程作为高职高专食品营养与检测专业的核心课程和食品加工技术专业的必修课程，对学生检验检测技能的培养、职业素质的提高以及毕业后在食品生产、流通、监督和管理等不同的工作领域从事质量检验与监控工作都起着非常重要的作用。根据当前职教改革的指导思想，我们对食品理化检测技术课程进行了基于工作过程和理实一体化的教改探索，并对教学内容进行了科学的归纳和总结，本着“基于工作过程”的教改理念和强化技能培养、突出实用性的原则，编写了这本《食品理化检测技术》创新性教材。本教材是河南省高等教育教学改革项目《食品检测技术课程实践教学体系改革研究与实践》的主要改革成果，该项目已于2011年顺利结项，并于2012年获得河南省高等教育教学改革成果一等奖。

本书是根据我国高等职业学校的发展需要、食品类专业的人才培养目标与规格要求编写的，注重对学生专业技能和综合职业能力的强化和培养。在教材内容的组织和选取上，紧紧把握以下原则：一是符合高职学生的实际知识水平，浅显易懂；二是紧密结合食品的国家标准，体现权威性；三是贴近企业的岗位需求，体现职业性；四是坚持工作过程系统化和理实一体化的教改理念，体现鲜明的高职特色；五是坚持突出技能和注重实用的编写原则。

本书从内容选取上侧重于食品理化检测技术与操作，包括食品理化检测的分项基础理论、任务工单和综合实训指导。根据检测岗位的实际工作任务和国家标准，本书选定了18个常规理化检验项目，每个项目是一个“任务引领”型的教学过程，教学的场所是理实一体化教学室，学生是完成任务的主体，老师是任务的策划者和指导者，主要是让学生在完成任务工单的过程中，掌握某种单一成分的检测方法并强化检测技能。

综合实训项目的设计充分体现了个性化、人性化的原则，实行五选一，方便师生根据各校的专业取向和学生未来的职业定位任选其一，将学生分组后按照“项目导向”型的教学模式进行。要求学生严格按照国家标准，对产品进行综合检测，以培养并强化学生的岗位技能。

本书在编写过程中得到了漯河职业技术学院、河南职业技术学院、商丘职业技术学院、漯河食品职业学院、河南三剑客奶业有限责任公司及化学工业出版社的大力支持，在此深表谢意。

由于编者水平所限，书中不足之处在所难免，恳请读者提出宝贵意见。

编者

2012年7月

目　录

第一部分
食品理化检测常规项目

预备知识一　课程概述

知识要求	教学重点和难点	参考学时
•掌握食品理化检验的一般程序、内容和方法； •掌握食品检验技术的常用规范用语。	•重点：食品理化检验的内容和任务、食品检验常用的技术规范用语； •难点：食品检验常用的技术规范用语。	2

一、食品检验的目的和任务

1. 食品检验的目的

食品检验是专门研究食品组成成分的检测方法及其理论，进而评定食品品质及其变化的一门技术性学科。通过食品检验，可以达到评定食品品质，并满足消费者对食品的高安全、高营养、美味可口要求的目的。

2. 食品检验的任务

通过食品检验，可以完成以下任务：对加工过程的物料及产品品质进行控制和管理；对储藏和销售过程中食品的安全进行全程质量控制；为新资源和新产品的开发，新工艺的探索提供科学依据。

二、食品理化检验的内容

1. 营养成分的检验

营养成分的检验主要包括蛋白质、脂类、碳水化合物、维生素、矿物质、水、膳食纤维、其它营养物质等的检验。

2. 食品添加剂的测定

食品添加剂的检测对象主要有着色剂、发色剂、漂白剂、防腐剂、抗氧化剂、甜味剂等。

3. 有毒有害物质的检测

有毒有害物质的检测主要包括有害物质、农药及兽药、细菌、霉菌及其毒素、包装材料带来的有害物质等的检测。

三、食品理化检验的方法

1. 物理分析法

物理分析法是通过对被检测食品的某些物理性质，诸如温度、密度、旋光度、折射率等的测定，间接求出食品中某种成分的含量，并进而判断被检食品纯度和品质的一类方法。物理分析法具有简便、实用的特点，在实际工作中应用广泛。

2. 化学分析法

化学分析法在常规分析中大量使用，主要分为称量分析法和滴定分析法两大类，是其它分析法的基础。例如仪器分析法测定的结果必须与已知标准进行对照，而所用标准往往需要用化学分析法测得。

3. 仪器分析法

仪器分析法是以物质的理化性质为基础，利用光电仪器来测定物质的含量。在食品分析中常用的仪器分析方法有许多种，通常包括光学分析法、电化学分析法和色谱分析法等。

四、食品检验的一般程序

1. 样品的采集、制备和保存

样品的采集简称采样，整个操作过程有较大难度，而且要求操作者非常谨慎。采集的样品要求必须具有代表性，能够反映整批食品的品质。采集的样品制备好后，一般分成三份，一份检验，其余两份保存备检。

2. 样品预处理

样品的预处理即前处理，是进行分析检测前的一项重要工序。由于食品种类繁多，组成成分复杂，而且组分之间往往会相互干扰，使测定得不到正确的结果，所以要先进行样品预处理步骤。预处理过程要求完整保留被测成分。

3. 成分分析

所谓成分分析是根据食品的物理、化学性质，使用物理分析法、化学分析法和仪器分析法测定食品待测组分的含量。这是食品理化分析的核心步骤。

4. 数据分析处理

数据分析处理是利用数学方法对分析检测出的数据进行处理分析，从而评判分析过程的合理性、重现性，分析数据的准确性、可靠性，由此得出科学的分析结果。

5. 撰写检验报告

在分析结果的基础上，参照有关标准，对被测食品的某方面品质做出科学合理的判断，撰写检验报告。

五、国内外发展动态与进展

总体而言，目前国内外食品检测技术正朝着快速、微量、自动化的方向发展。

1. 未知物的快速鉴定

环境的污染和恶化会影响食品的质量，因为环境污染物随时可能迁移到食品中去。环境污染物的种类极其繁多，一旦食品受到污染，就会引起食物中毒。这将给卫生机构的检测、监管工作带来很大难度，使相关技术人员难以下手解决问题，所以需要能快速鉴定未知污染物的检验技术，以提高卫生监管部门对突发事件的快速反应能力。

2. 检测下限越来越低

科学的不断发展使人们对危害物质的认识越来越多，人们希望这些危害物质在食品中的含量越来越低，不会危害人们的身体健康。这就要求分析手段不断进步，检测下限越来越低。

3. 分析检测方法向快速化、标准化、系统化发展

现阶段，我国关于很多农药残留的检测还没有国家标准；转基因食品的安全性检测在我国刚刚起步；现行很多国标中的操作方法繁杂，完成检测所需的时间较长，因此只有建立十分完善的标准检验方法体系，并研究出切实可行的快速检验技术，才能实施科学、高效地检测，进而保障人民生命安全和身体健康。

六、食品检验常用的技术规范用语

1. 表述与试剂有关的用语

如“取盐酸 2.5mL”：表述涉及的使用试剂纯度为分析纯，浓度为原装的浓盐酸。

类推。

“乙醇”：除特别注明外，均指95%的乙醇。

“水”：除特别注明外，均指蒸馏水或去离子水。

2. 表述溶液方面的用语

除特别注明外，“溶液”均指水溶液。

“滴”：指蒸馏水自标准滴管自然滴下的一滴的量，20℃时20滴相当于1mL。

“*V*/*V*”：体积百分浓度（%），指100mL溶液中含有液态溶质的体积（mL）。

“*W*/*V*”：质量容量百分浓度（%），指100mL溶液中含有溶质的质量（g）。

“7∶1∶2或7+1+2”：溶液中各组分的体积比。

3. 表述与仪器有关的用语

“仪器”：指主要仪器；所使用的仪器均须按国家的有关规定及规程进行校正。

“水浴”：除回收有机溶剂和特别注明温度外，均指沸水浴。

“烘箱”：除特别注明外，均指100～105℃烘箱。

4. 表述与操作有关的用语

“称取”：指用一般天平（台秤）进行的称量操作。

“准确称取或精密称取”：指用分析天平进行的称量操作。

“恒量”：指在规定的条件下进行连续干燥或灼烧，至最后两次称量的质量差不超过规定的范围。

“量取”：指用量筒或量杯量取液体的操作。

“吸取”：指用移液管或刻度吸管吸取液体的操作。

“空白试验”：指不加样品，而采用完全相同的分析步骤、试剂及用量进行的操作，所得结果用于扣除样品中的本底值和计算检测限。

预备知识二　食品理化检验的一般程序

知识要求	技能要求	参考学时
• 了解采样的基本要求、原则和方法； • 掌握采样的步骤； • 掌握样品的制备和保存的原则和方法； • 掌握样品预处理的方法； • 了解实验报告的编制格式； • 掌握实验报告的填写要求； • 掌握实验数据处理的方法和原则。	• 能按产品标准和采样要求制定合理的采样方案； • 会对不同状态的样品正确采样； • 能按要求进行样品的制备，并能正确进行保存； • 会将不同状态的样品分解处理成分析试样； • 能看懂实验报告； • 会实验数据记录表格的设计； • 能正确填写实验报告，做到内容完整，表述准确，字迹清晰； • 能进行实验报告中的有关计算； • 会判断分析数据是否符合要求。	4

一、样品的采集、制备和保存

采样就是从整批产品中抽取一定量的具有代表性的样品（分析材料）的过程。

样品可分为检样、原始样和平均样。检样指从分析对象的各个部分采集的少量物质；原始样是把许多份检样综合在一起；平均样是指原始样经处理后，再采取其中一部分供分析检验用的样品。

1. 采样的原则

第一，采集的样品要均匀，有代表性。

第二，采样过程中要设法保持样品原有的理化指标，防止带入杂质或成分逸散，即适时性。

2. 采样的方法及注意事项

(1) 采样必须注意样品的批号、生产日期、代表性和均匀性（食物中毒样品和掺伪食品除外）。采集的样品数量应能反映该食品的卫生质量，并满足检验项目对试样量的需要，样品要求一式三份，供检验、复验、备查或仲裁。一般，散装样品每份不少于0.5kg。

(2) 采样容器根据检验项目，选用硬质玻璃瓶或聚乙烯制品。

(3) 粮食、固体、颗粒状样品，应从每批食品的上、中、下三层中的不同部位分别采取，然后将采取到的样品混合后按四分法对角取样，再进行几次混合，最后取有代表性的样品。

(4) 液体、半流体样品，应先充分混匀后再采样，虹吸法分层取样。样品应分别盛放在3个干净的容器中。

(5) 罐头、瓶装食品或其它小包装食品，应根据批号随机取样，取样件数因食品包装而不同，250g以下的包装不能少于10个，250g以上的包装不能少于6个。

(6) 鱼、肉、果蔬等组成不均匀的样品，应对各个部分分别采样，再经捣碎混合后成为平均样品。

(7) 掺伪食品和食品中毒的样品采集，要具有典型性。

(8) 检查后的样品保存：样品在检验结束后，一般应保留1个月，以备需要时复检。易变质食品不予保留，如果必须保留，保存时应加封并尽量保持原状。检验取样一般指采取可食部分，结果计算要以所检验的样品总重为准。

(9) 感官检验不合格的产品，不必进行理化检验，直接判为不合格产品。

样品应按不同检验的目的要求进行妥善包装、运输、保存，送实验室后，应尽快进行检验。

3. 采样的方式

(1) 随机抽样　是一种使总体中每个部分被抽取的概率都相等的抽样方法。适用于对被测样品不太了解、检验食品的合格率及其它类似的情况。

(2) 系统抽样　指已经了解样品随空间和时间的变化规律，按此规律进行采样的方法。如大型油脂储池中油脂的分层采样，要随生产过程的各个环节进行采样，要定期抽测货架陈列样品。

(3) 指定代表性抽样　是一种适用于检测有某种特殊检测重点样品的采样方法。如对大批罐头中的个别变形罐头进行的采样；对有沉淀的啤酒进行的采样等。

4. 样品的制备

按照上述的采样要求采得的样品往往存在数量过多，颗粒太大等缺点，因此必须进行粉碎、混匀和缩分。

(1) 样品制备的目的　要保证样品十分均匀，分析时，取其中的任何部分都具有代表性。样品的制备必须在不破坏待测成分的条件下进行。必须先去除不可食部分。

(2) 样品制备的方法　为了得到具有代表性的均匀样品，必须根据水分含量、物理性质和不破坏待测组分等要求进行采集。采集的试样还须经过粉碎、过筛、磨匀、溶解等步骤，进行样品制备。水分多的新鲜食品要用研磨法混匀；水分少的食品一般用粉碎法混匀；液体食品要将其溶于水或适当溶剂，使其成为溶液后，以溶液作为试样。

用于食品分析的样品量一般不足几十克，可在现场进行样品的缩分。缩分干燥的颗粒状或粉末状样品，最好使用圆锥四分法。所谓圆锥四分法，就是把样品充分混合后先堆砌成圆锥体，再把圆锥体压成扁平的圆形，从中心划两条垂直交叉的直线，得到对称的四等份；弃去对角的两个四分之一圆，之后进行混合，反复用四分法进行缩分，直到留下合适的样品数量作为“检验样品”。

5. 样品的保存

采得的样品后应尽快进行检验，尽量缩短保存时间，以防止其中水分与挥发性物质的散失及其它待测成分的变化。

(1) 样品保存的目的　确保样品的适时性。

(2) 样品保存的原则　干燥、低温、避光、密封。

(3) 样品保存的注意事项　保存的环境清洁干燥、存放样品要按照日期、批次、编号进行摆放。

二、样品的预处理

食品的组成很复杂，在分析过程中，各成分之间通常会产生干扰；或者被测物质含量甚微，难以检出，因此在测定前需要对样品进行处理，以消除干扰成分或进行分离、浓缩。

样品在处理过程中，既要求排除干扰因素，又要求不能损失被测物质，并使被测物质达到浓缩，以满足分析化验的要求，保证获得理想的测定结果，因此，样品处理在食品检验工作中占有十分重要的地位。

1. 定义

样品的预处理是指利用物理或化学方法对样品进行分解、提取、浓缩等操作，以保证检验得到可靠结果的过程。

2. 样品预处理的目的

样品经过预处理，使被测成分转化为便于测定的状态；消除共存成分在测定过程中的影响和干扰；浓缩富集被测成分。

3. 样品预处理的方法

根据食品的类型、性质、分析项目，可采取不同的措施和方法，常用的样品预处理方法如下。

(1) 溶剂提取法　通常包括浸泡法、萃取法和盐析法 3 种方法。

(2) 有机物破坏法　有干法消化、湿法消化两种方法。

(3) 蒸馏法　可分为常压蒸馏、减压蒸馏和水蒸气蒸馏。

(4) 色谱分离法　根据分离原理不同，分为分配色谱分离法、吸附色谱分离法和离子交换色谱分离法。

(5) 化学分离法　有磺化法与皂化法、沉淀分离法和掩蔽法之分。

(6) 浓缩法　通常分为常压浓缩和减压浓缩。

三、检验测定

食品理化检验的目的，就是根据测定的分析数据对被检食品的品质和质量做出正确、客观的判断和评定，因此，在检验测定过程中，必须实行全面质量控制程序。

1. 食品理化检验方法的选择

食品理化检验方法的选择是质量控制程序的关键之一，选择要遵循如下原则：精密度高、重复性好、判断准确、结果可靠。在此前提下，要根据具体情况选用仪器灵敏、操作简便、试剂低廉、省时省力的分析方法，应以中华人民共和国国家标准《食品卫生检验方法理化部分》为仲裁法。

2. 食品检测仪器的选择及校正

食品理化检验工作中，分析仪器的规格与校正对质量控制也十分重要，必须慎重选择、认真校正、照章操作。由于食品中有些成分含量甚微，如黄曲霉毒素等，因此，检测仪器的灵敏度必须达到同步档次，否则将很难保证检测质量。在购置、使用有关检测仪器时，切勿主观盲目。

3. 试剂、标准品、器具的选择

食品理化检验所需的化学试剂和标准品，要以优级纯（G. R.）或分析纯（A. R.）为主（表 0-1），纯度和质量必须得到保证。

表 0-1　化学试剂的规格及标志

级别	名称	代号	标志颜色
一级品	优级纯	G. R.	绿色
二级品	分析纯	A. R.	红色
三级品	化学纯	C. P.	蓝色

四、数据处理

通过测定工作获得一系列有关分析数据后，需按以下原则进行记录、运算和处理。

1. 记录

（1）检验记录的填写

① 操作记录　记录操作要点，操作条件，试剂名称、纯度、浓度、用量，意外问题及处理。

② 数据记录　根据仪器准确度要求记录。

③ 数据处理记录　数据列表、结果计算、误差计算。

（2）填写检验记录的注意事项

① 填写内容要完全、正确。

② 要求字迹清楚整齐，用钢笔填写，不允许随意涂改，只能修改（更正），但一般不超过 3 处。更正方法是：在需更正部分划两条平行线后，在其上方写上正确的数字和文字（要根据实际岗位要求加盖更改人印章）。

2. 检验结果的表示方法

百分数：一般保留到小数点后第二位或两位有效数字。

误差：一般保留一位，最多保留 2 位。

其它按有效数字运算规则保留。

单位：mg/100g，mg/100mL，g/100g，mg/100L，g/kg，g/L……

3. 检验结果可靠性的判断及结果报告

检验结果可靠性的判断：在研究一个分析方法时，通常用精密度、准确度和灵敏度三项指标进行评定。

（1）精密度　精密度是用来表示在相同条件下对样品进行多次测定，其结果相互接近的程度。精密度一般用算术平均值、平均差、标准差、相对误差、标准误差和变异系数等来表示，其中最常用的表示方法是标准差和相对误差。

（2）准确度　准确度是指测定值与实际值相符合的程度，用来反应检测结果的真实性，常用误差来表示。

（3）灵敏度　灵敏度是指检验方法和仪器能测到的最低限度，一般用最小检出量或最低浓度来表示。

报告检验结果：精密度符合要求的检验结果平均值。

4. 标准曲线的制作

标准曲线的制作有绘图法和回归法两种。

标准曲线的制作
- 绘图法
  - 根据操作数据列表
  - 绘图
- 回归法
  - 根据操作数据列表
  - 计算回归直线方程 $Y=ax+b$
  - 回归直线的相关性检验（用相关系数 r 值表示，$r\leqslant 1$，r 值越接近 1，说明所有点越靠近该直线，线性越好，否则越差）

5. 食品分析的误差

（1）误差的来源

① 系统误差　是由固定的原因造成的，在测定过程中按一定的规律反复出现，有一定

的方向性。这种误差大小可测，又称“可测误差”。

② 偶然误差　由一些偶然的外因引起，原因往往不固定、未知、且大小不一，不可测，这类误差往往一时难于觉察。

(2) 控制和消除误差的方法

① 正确选取样品量。

② 增加平行测定次数，减少偶然误差。

③ 对照试验。

④ 空白试验。

⑤ 校正仪器和标定溶液。

⑥ 严格遵守操作规程。

6. 回收率

食品理化检验工作中，常采用回收试验以消除测定方法中的系统误差。在回收试验中，加入已知量的标准物质的样品称为加标样品。在相同条件下用同种方法对加标样品和样品同时进行测定，可按下列公式计算出加入标准物质的回收率。

加标样品扣除样品值后与标准物质的误差即为该方法的准确度。

$$P(\%)=\frac{X_1-X_0}{m}\times 100\%$$

式中　P——加入的标准物质的回收率；

m——加入标准物质的量；

X_1——加标样品的测定值；

X_0——样品的测定值。

五、撰写理化检验报告

食品理化检验的最后一项工作是写出检验报告，写检验报告时应该做到以下几点：

第一，实事求是、真实无误；

第二，按照国家标准进行公正仲裁；

第三，认真负责签字盖章。

任务一　食品密度的测定

知识要求	技能要求	参考学时
•了解密度瓶和密度计的结构原理； •了解测定食品密度的意义； •理解密度和相对密度的概念； •掌握常用密度瓶和密度计的使用方法。	•能对相对密度的测定结果进行校正； •会正确使用密度瓶测定液态食品的相对密度； •会正确选用合适的密度计测定不同液态食品的相对密度。	6

一、密度与相对密度

1. 定义

密度是指物质在一定温度下单位体积的质量，以符号 ρ 表示，其单位为 g/cm^3。

相对密度是指某一温度下物质的质量与同体积某一温度下水的质量之比，以符号 d 表示。定义式：

$$d_{t_2}^{t_1}=\frac{\rho_{t_1}}{\rho_{t_2}}$$

式中　ρ_{t_1}——t_1 温度下物质的密度；

　　　ρ_{t_2}——t_2 温度下水的密度。

2. 区别

（1）有无单位的区别，密度数值是有单位的，相对密度则无单位。

（2）某一温度下食品密度的数值只有一个，ρ_t；但相对密度的数值某一温度下可有多个：$d_1^{t_1}$、$d_2^{t_1}$、$d_3^{t_1}$、$d_4^{t_1}$。

$d_4^{t_1}$ 指对 4℃水的相对密度，其值与 ρ_{t_1} 相同。（水在 4℃时的密度为 $1.000g/cm^3$）。工业上为方便起见，常用 d_4^{20}，即物质在 20℃时的质量与同体积 4℃水的质量之比来表示物质的相对密度。

3. 明确含义

d_{20}^{20}——物质在 20℃时对 20℃水的相对密度。

d_{20}^{4}——物质在 4℃时对 20℃水的相对密度。

d_4^{20}——物质在 20℃时对 4℃水的相对密度。

二、测定相对密度的意义

（1）通过相对密度的测定，可以检验某些食品的纯度、浓度，进而判断食品的质量。

（2）制糖工业　以溶液的密度近似地表示溶液中可溶性固形物的含量。

（3）番茄制品　从密度-固形物关系表中，可以查出固形物的含量。

（4）酒精　从密度-酒精含量关系表中，可以查出酒精的含量。

(5) 密度是某些食品的质量指标。

三、液态食品相对密度的测定方法

1. 密度瓶法

分析方法：参照 GB/T 5009.2—2003 食品的相对密度的测定第一法。

(1) 测定原理　在一定温度下，同一密度瓶分别称取等体积的样品溶液和蒸馏水的质量，两者之比即为该样品溶液的相对密度。

(2) 仪器　密度瓶是容积固定的玻璃称量瓶，是测定液体相对密度的专用精密仪器，其种类和规格有多种。常用的有带温度计的精密度瓶和带毛细管的普通密度瓶，见图 1-1。

(a) 带毛细管的普通密度瓶

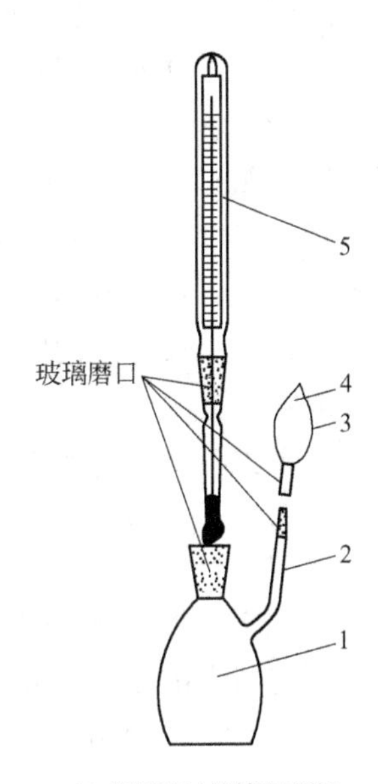

(b) 带温度计的精密度瓶

图 1-1　密度瓶

1—比重瓶主体；2—侧管；3—侧孔；4—罩；5—温度计

(3) 测定步骤

① 称重　先把密度瓶洗干净，再依次用乙醇、乙醚洗涤，烘干并冷却后，精密称重 (m_0)。

② 称样液　装满样液，盖上瓶盖，置 20℃水浴中浸泡 0.5h，使内容物的温度达到 20℃，并用滤纸条吸去支管标线上的样液，盖好侧管后取出，用滤纸将瓶外擦干，置天平室内 30min 后称重 (m_2)。

③ 称蒸馏水　将样液倾出，洗净密度瓶，装满水，以下按上述自"置 20℃水浴中浸泡 0.5h……"起依法操作，测出同体积蒸馏水的质量 (m_1)。密度瓶内不能有气泡，天平室内温度不能超过 20℃，否则不能使用此法。

(4) 计算

$$d_{20}^{20}=\frac{m_2-m_0}{m_1-m_0}\quad d_4^{20}=d_{20}^{20}\times 0.99823$$

式中　m_0——空密度瓶质量，g；

m_1——密度瓶和水的质量，g；

m_2——密度瓶和样品的质量，g；

0.99823——20℃时水的密度，g/cm³。

（5）明确操作注意问题

① 密度瓶使用前应恒重；应检查瓶盖与瓶是否配套。

② 装满液体时不能留有气泡。

③ 恒温水浴时要注意及时用小滤纸条吸去溢出的液体，不能让液体溢出到瓶壁上。

④ 要小心从水浴中取出，不能用手握瓶体，以免人体温度使液体溢出。应戴隔热手套取拿瓶颈或用工具夹取。

⑤ 擦干时小心吸干，不能用力擦，以免温度上升。环境温度要低于20℃。

⑥ 水浴中的水必须清洁无油污，防止瓶外壁被污染。

（6）特点　结果准确，但耗时。

2. 密度计法

分析方法参照GB/T 5009.2—2003食品的相对密度的测定第三法。

（1）原理　密度计是根据阿基米德原理制成的。结构分为三部分，头部呈球形或圆锥形，里面灌有铅珠、水银或其它重金属，使其能立于溶液中，中部是胖肚空腔，内有空气故能浮起，尾部是一细长管，内附有刻度标记，刻度是利用各种不同密度的液体标度的。

（2）仪器种类　食品工业中常用的密度计按其标度方法的不同，可分为普通密度计、糖锤度计、乳稠计、波美计、酒精计等。如图1-2。

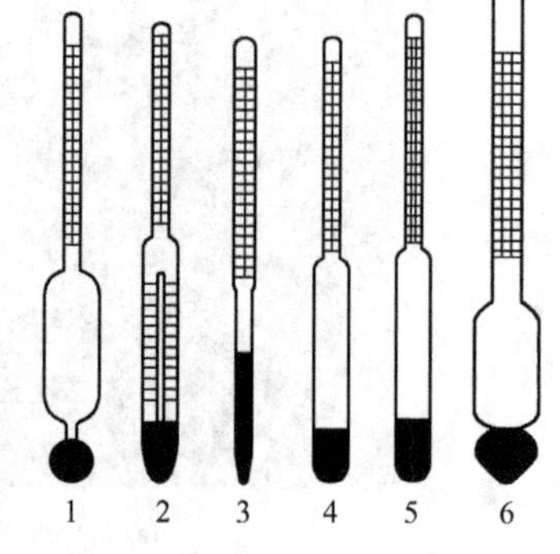

图1-2　几种常用的密度计

1—糖锤度计；2—附有温度计的锤度计；3，4—波美计；5—酒精计；6—乳稠计

① 普通密度计　普通密度计是直接以20℃时的密度值为刻度的。一套通常由几支组成，每支的刻度范围不同，刻度值小于1的（0.700～1.000）称为轻表，用于测量比水轻的液体；刻度值大于1的（1.000～2.000）称为重表，用来测量比水重的液体。

② 糖锤度计　锤度计是专用于测定糖液浓度的密度计。它是以蔗糖溶液质量百分浓度为刻度的，以符号°B_X表示。其刻度方法是以20℃为标准温度，在蒸馏水中为0°B_X，在1%蔗糖溶液中为1°B_X（即100g蔗糖溶液中含1g蔗糖），以此类推。锤度计的刻度范围有多种，常用的有：0～6，5～11，10～16，15～21等。

当测定温度高于20℃时，因糖液体积膨胀导致相对密度减小，即锤度降低，故应加上相应的温度校正值，反之，则应减去相应的温度校正值。例如：

在17℃时观测锤度为22.00查附表得校正值为0.18，则标准温度20℃时糖锤度为：22.00－0.18＝21.82（°B_X）

在24℃时观测锤度为16.00，查表得校正值为0.24，则标准温度（20℃）时糖锤度为：16.00＋0.24＝16.24（°B_X）。

③ 乳稠计　专用于测定牛乳相对密度的密度计，测量相对密度的范围1.015～1.045。

它是将相对密度减去1.000后再乘以1000作为刻度，以度（符号：数字右上角标“°”）表示，其刻度范围为15°～45°。使用时把测得的读数按上述关系可换算为相对密度值。

乳稠计按其标度方法不同分为两种：一种是按 20°/4°标定的，另一种是按 15°/15°标定的。两者的关系是：前者读数加 2 为后者读数，即：

$$d_{15}^{15}=d_{4}^{20}+0.002$$

使用乳稠计时，若测定温度不是标准温度，应将读数校正为标准温度下的读数。对于 20°/4°乳稠计，在 10～25℃范围内，温度每升高 1℃，乳稠计读数平均下 0.2°，即相当于相对密度值平均减小 0.0002。故当乳温高于标准温度 20℃时，每高一度应在得出的乳稠计读数上加 0.2°，乳温低于 20℃时．每低 1℃应减去 0.2°。

【例 1】 16℃时 20°/4°乳稠计读数为 31°，换算为 20℃应为：

$$31-(20-16)\times 0.2=31-0.8=30.2$$

即　$d_{4}^{20}=1.0302$

$d_{15}^{15}=1.0302+0.002=1.0322$

【例 2】 25℃时 20°/4°乳稠计读数为 29.8°，换算为 20℃应为：

$$29.8+(25-20)\times 0.2=29.8+1.0=30.8$$

即　$d_{4}^{20}=1.0308$

$d_{15}^{15}=1.0308+0.002=1.0328$

④ 波美计　波美计是以波美度（以°Bé 表示）来表示液体浓度大小。按标度方法的不同分为多种类型，常用的波美计的刻度表示方法是以 20℃为标准，在蒸馏水中为 0°Bé；在 15%氯化钠溶液中 15°Bé；在纯硫酸（相对密度为 1.8427）中为 66°Bé；其余刻度等分。

波美计分为轻表和重表两种，分别用于测定相对密度小于 1 的和相对密度大于 1 的液体。波美度与相对密度之间存在下列关系：

轻表：$°\text{Bé}=\frac{145}{d_{20}^{20}}-145$　或　$d_{20}^{20}=\frac{145}{145+°\text{Bé}}$

重表：$°\text{Bé}=145-\frac{145}{d_{20}^{20}}$　或 $d_{20}^{20}=\frac{145}{145-°\text{Bé}}$

⑤ 酒精计　刻度范围分 0～40、40～70、70～100 三种，20℃下标示，可在任何温度下测定，从酒精计上可直接读数，20℃下读数时，读数即是酒精的体积分数。不在 20℃下读数时，读数应校正（查酒精温度浓度校正表）。

（3）密度计测定方法

① 量筒准备、清洁密度计。

② 将混合均匀的被测样液沿筒壁徐徐注入适当容积的清洁量筒中，注意避免起泡沫。将密度计洗净擦干，缓缓放入样液中，勿使碰及容器四周及底部，待其静止后，再轻轻按下少许，然后待其自然上升，静止并无气泡冒出后，从水平位置读取密度计与液平面相交处的刻度值。

③ 同时用温度计测量样液的温度，如测得温度不是标准温度，应对测得值加以校正。

（4）密度计法的操作注意问题

① 量筒的选取要根据密度计的长度确定。

② 量筒应放在水平台面上。

③ 拿取密度计时要轻拿轻放，非垂直状态下或倒立时不能手持尾部，以免折断密度计。

④ 应根据液体的相对密度选取刻度适当的密度计。

⑤ 注意按密度计顺序读数（从下到上还是从上到下）。

⑥ 不得接触量筒的壁和底部，待测液中不得有气泡。

⑦ 读数时视线与液面在同一水平。且以密度计与液体形成的弯月面的下缘为准。若液体颜色较深，不易看清弯月面下缘时，则以弯月面上缘为准。

任务工单一　相对密度的测定

任务名称		学时	
学生姓名		班级	
实训场地		日期	
客户任务			
任务目的			

一、资讯

1. 密度是____；相对密度是指________

____。

2. 为什么要测定食品的相对密度？

3. 使用密度计时选择刻度范围合适的密度计有何意义？

4. 怎样正确使用密度计？使用密度计时要注意哪些事项？

剪切线

二、决策与计划

请根据检验对象和检测任务，确定检验的标准方法和所需要的检测仪器、试剂，并对小组成员合理分工，制定详细的工作计划。

1. 采用的标准方法：

2. 需要的检测仪器、试剂、实验耗材：

3. 写出小组成员分工、实际工作的具体步骤，注意计划好先后次序：

三、实施

1. 样品：

2. 测定：

3. 测量过程中把原始数据记录在下表中：

项目： 日期：
样品： 方法：

测定次数	1	2	3	4
样品比重				
校正后样品比重				

4. 根据原始数据填写检验报告单：

检验报告单

编号：

样品名称		检验项目	
生产单位		检验依据	
生产日期及批号		检验日期	
检验结果：			
结论：			

四、检查

1. 根据考核标准，对整个实训过程中出现的问题进行总结。

2. 各组根据各自的检测对象不同，相互交流检验方法。

五、评估

1. 请根据自己任务的完成情况，对自己的工作进行自我评估，并提出改进建议。

2. 组内成员之间相互评估。

3. 教师对小组工作情况进行评估，并进行点评。

4. 学生本次完成任务得分：____________。

剪切线

任务二　食品折射率的测定

知识要求	技能要求	参考学时
• 了解常用的折射仪结构； • 了解测定食品折射率的意义； • 理解折射率与液态食品的组成及浓度的关系； • 掌握阿贝折射仪和手持折射仪的使用方法。	• 能对两种折射仪进行校正； • 会使用折射仪测定食品的折射率并进一步判定食品的品质。	6

一、基本概念

1. 光的反射现象与反射定律

一束光线照射在两种介质的分界面上时，要改变它的传播方向，但仍在原介质上传播，这种现象叫光的反射。光的反射遵守以下定律。

(1) 入射线、反射线和法线总是在同一平面内，入射线和反射线分居于法线的两侧。

(2) 入射角等于反射角。

2. 光的折射现象与折射定律

(1) 光的折射现象　当光线从一种介质射到另一种介质时，在分界面上，光线的传播方向发生了改变，一部分光线进入第二种介质，这种现象称为折射现象。

(2) 光的折射　光线从一种介质（如空气）射到另一种介质（如水）时，除了一部分光线反射回第一种介质外，另一部分进入第二种介质中并改变它的传播方向。

(3) 光的折射定律　入射线、法线和折射线在同一平面内，入射线和折射线分居法线的两侧。

(4) 折射率　某种介质的折射率，等于光在真空中的传播速率 c 跟光在这种介质中的传播速率 v 之比，即 $n=c/v$。

3. 全反射与临界角

(1) 光密介质与光疏介质　两种介质相比较，光在其中传播速率较大的叫光疏介质，其折射率较小；反之叫光密介质，其折射率较大。

(2) 全反射　当光线从光疏介质进入光密介质（如光从空气进入水中，或从样液射入棱镜中）时，因 $n_1<n_2$，由折射定律可知折射角（α_2）恒小于入射角（α_1），见图 2-1，即折射

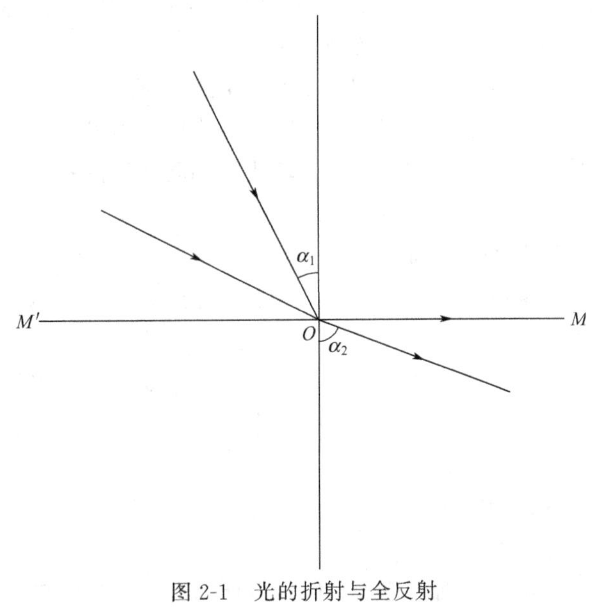

图 2-1　光的折射与全反射

线靠近法线；反之当光线从光密介质进入光疏介质（如从棱镜射入样液中）时，因 $n_1>n_2$，折射角（α_2）恒大于入射角（α_1），即折射线偏离法线。在后一种情况下如逐渐增大入射角，折射线会进一步偏离法线，当入射角增大到某一角度，如图中的位置时，其折射线恰好与 OM 重合，此时折射线不再进入光疏介质而是沿两介质的接触面 OM 平行射出，这种现象称为全反射。发生全反射的入射角称为临界角，因为发生全反射时折射角等于 90°，所以，$n_{样液}=n_{棱镜}\sin\alpha_{临}$。

由于折射率与温度和入射光的波长有关，所以在测量时要在两棱的周围夹套内通入恒温水，保持恒温，折射率以符号 n 表示，在其右上角表示温度，其右下角表示测量时所用的单色光的波长。如 $n_{\mathrm{d}}^{25℃}$，25℃时对钠黄光 D 线的折射率。但阿贝折射仪使用的光源为白光，白光为波长为 400～700nm 的各种不同波长的混合光。由于波长不同的光在相同介质的传播速度不同而产生色散现象，因而使目镜有明暗交界线不清。为此在仪器上装有可调的消色补偿器，通过它可消除色散，而得到清楚的明暗分界线。这时所测得的液体折射率，和应用钠黄光 D 线所得的液体折射率相同。

二、折射率与液态食品的组成及浓度的关系

溶液的折射率随着可溶性固形物浓度的增大而递增。折射率的大小取决于物质的性质，即不同的物质有不同的折射率；对于同一种物质，其折射率的大小取决于该物质溶液的浓度大小。

三、折射率的测定意义

折射率是物质的一种物理性质。它是食品生产中常用的工艺控制指标，通过测定液态食品的折射率可以鉴别食品的组成，确定食品的浓度，判断食品的纯净程度及品质。

1. 相关糖工业

蔗糖溶液的折射率随浓度增大而升高。通过测定折射率可以确定糖液的浓度及饮料、糖水罐头等食品的糖度，还可以测定以糖为主要成分的果汁、蜂蜜等食品的可溶性固形物的含量。

必须指出的是，折射法测得的只是可溶性固形物含量，但对于番茄酱，果酱等个别食品，已通过实验编制了总固形物与可溶性固形物关系表。先用折射法测定可溶性固形物含量，即可查出总固形物的含量。

2. 油脂工业：鉴别油脂的组成和品质

各种油脂具有其一定的脂肪酸构成，每种脂肪酸均有其特定的折射率。含碳原子数目相同时，不饱和脂肪酸的折射率比饱和脂肪酸的折射率大得多；不饱和脂肪酸分子量越大，折射率也越大；酸度高的油脂折射率低。

3. 判断牛乳是否掺水

正常情况下，某些液态食品的折射率有一定的范围，如正常牛乳乳清的折射率在 1.34199～1.34275 之间，当这些液态食品因掺杂、浓度改变或品质改变等原因而引起食品的品质发生变化时，折射率常常会发生变化。所以测定折射率可以初步判断某些食品是否正常。如牛乳掺水，其乳清折射率降低，故测定牛乳乳清的折射率即可了解乳糖的含量，判断牛乳是否掺水。

四、折射仪

1. 原理

利用测定临界角大小以求得样品溶液的折射率，从折射率可近似的换算出溶液中可溶性

固形物的浓度。

2. 食品中常用的折射仪

常用的折射仪有手持折射仪与阿贝折射仪两种。

(1) 手持折射仪（手持测糖仪）

① 结构　进光窗、棱镜盖板、折光棱镜、镜筒、换挡旋钮、视度圈、视场内刻度。组件与折射原理如图 2-2 和图 2-3 所示。

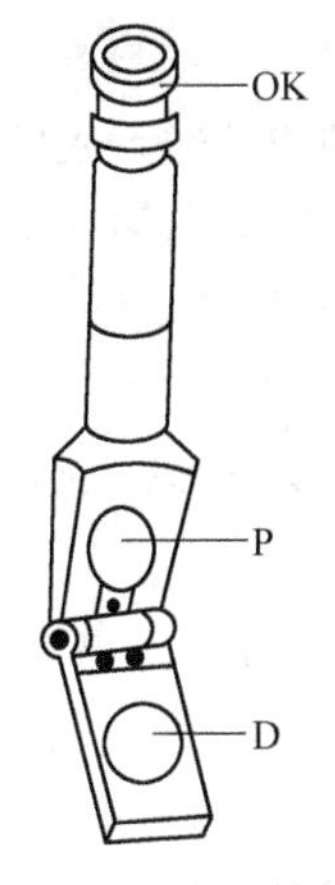

图 2-2　手持折射仪
OK—目镜视度圈；P—棱镜；D—棱镜盖板

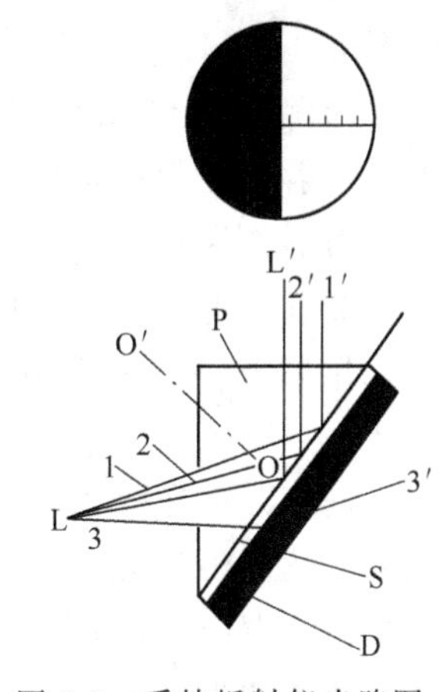

图 2-3　手持折射仪光路图
P—棱镜；D—棱镜盖板；S—糖液；L、1、2、3—入射光；L′、1′、2′—反射光；3′—折射光；O′O—法线

② 使用方法　掀起照明棱镜盖板，用柔软的绒布仔细地将折光棱镜清洗干净，并用滤纸和擦镜纸将水拭净。取糖液数滴，置于折光棱镜面中央，迅速合上盖板，使溶液均匀无气泡，并充满视野。将仪器进光窗对向光源，调节视度圈，使视场内刻度清晰可见，于视场中读取明暗分界线相应之读数，即为溶液含糖浓度（百分含量）。

仪器分为 0～50%和 50%～80%两挡。当被测糖液浓度低于 50%时，将换挡旋钮向左旋转至不动，使目镜半圆视场中的 0～50 可见，即可观测读数。若被测糖液浓度高于 50%时，则应将换挡旋钮向右旋至不动，使目镜半圆视场中的 50～80 可见，即可观测读数。

若测量时温度不是 20℃，应进行数值校正。校正的情况分为两种。

a. 仪器在 20℃调零的，而在其它温度下进行测量时，则应进行校正，校正的方法是：温度高于 20℃时，加上查“糖量计读数温度修正表”得出的相应校正值，即为糖液的准确浓度数值。温度低于 20℃时，减去查“糖量计读数温度修正表”得出的相应校正值，即为糖液的准确浓度数值。

b. 仪器在测定温度下调零的，则不需要校正。方法是：测试纯蒸馏水的折射率，看视场中的明暗分界线是否对正刻线 0，若偏离，则可用小螺丝刀旋动校正螺钉，使分界线正确指示 0 处，然后对糖液进行测定，读取的数值即为正确数值。

③ 注意问题

a. 测量前将棱镜盖板、折光棱镜清洗干净并拭干。

b. 滴在折光棱镜面上的液体要均匀分布在棱镜面上，并保持水平状态合上盖板。

c. 使用换挡旋钮时应旋到位，以影响读数。

d. 要对仪器进行校正才能得到正确结果。

(2) 阿贝折射仪

① 结构　两个部分观察系统和读数系统，如图 2-4 所示。

观察系统：反射镜、进光棱晶（镜）、折射棱晶（镜）、恒温器、棱镜锁紧扳手、色散刻度盘、消色调节旋钮、分界线调节旋钮（方孔零点调节旋钮）、观察镜筒、目镜。

读数系统：棱晶调节旋钮（刻度调节旋钮）、圆盘组（内有刻度板）、小反光镜、读数镜筒、目镜。

② 使用方法

a. 校正。

通常用测定蒸馏水折射率的方法进行校准，在20℃下用折射仪测得的蒸馏水的折射率应为1.33299或可溶性固形物为0。若校正时温度不是20℃，应查出该温度下蒸馏水的折射率再进行核准。对于高刻度值部分，用具有一定折射率的标准玻璃块（仪器附件）校准。

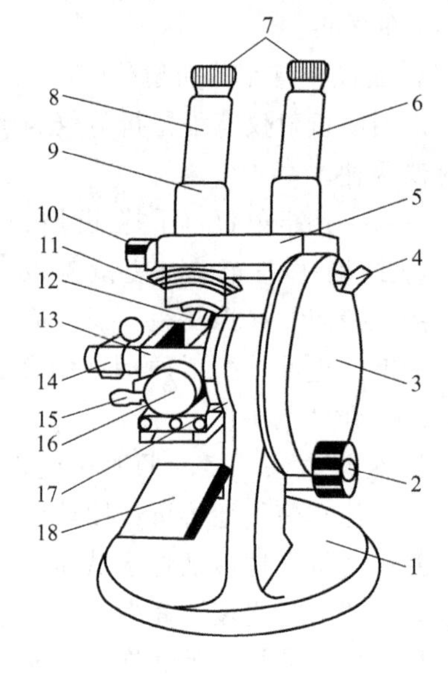

图 2-4　阿贝折射仪

1—底座；2—棱镜调节旋钮；3—圆盘组（内有刻度板）；4—小反光镜；5—支架；6—读数镜筒；7—目镜；8—观察镜筒；9—分界线调节旋钮；10—消色调节旋钮；11—色散刻度尺；12—棱镜锁紧扳手；13—棱镜组；14—温度计插座；15—恒温器接头；16—保护罩；17—主轴；18—反光镜

方法是打开进光棱镜，在校准玻璃块的抛光面上滴一滴溴代萘，将其黏在折射棱镜表面上，使标准玻璃块抛光的一端向下，以接受光线。测得的折射率应与标准玻璃块的折射率一致。校准时若有偏差，可先使读数指示于蒸馏水或标准玻璃块的折射率值，再调节分界线调节螺丝。使明暗分界线恰好通过十字线交叉点。在以后的测量过程中不允许再动。校正完毕，取下标准玻璃块，用乙醚将折光棱镜面擦洗干净即可进入测量工作。

b. 测量。

用脱脂棉蘸取乙醇擦净棱镜表面，使乙醇挥发。滴加1～2滴样液于下面棱镜面中央。迅速闭合棱镜，调节反光镜，使镜筒内视野最亮。旋转色散补偿器旋钮，使视野中只有黑白两色。旋转棱镜旋钮，使明暗分界线恰在十字线交叉点上。从读数镜筒中读取折射率或质量百分浓度。

c. 测定样液温度。

打开棱镜，用水、乙醇或乙醚擦净棱镜表面及其它各机件。在测定水溶性样品后，用脱脂棉吸水并清洗干净，若为油类样品，需用乙醇、乙醚或二甲苯等擦拭。

③ 使用注意问题

a. 测量前必须先用标准玻璃块或蒸馏水进行校正。

b. 棱镜表面擦拭干净后才能滴加被测液体，清洗棱镜时，不要把液体溅到光路凹槽中。

c. 滴在进光棱镜面上的液体要均匀分布在棱镜面上，并保持水平状态合上两棱镜，保证棱镜缝隙中充满液体。

d. 手上沾有被测液体时不要触摸折射仪各部件，以免不好清洗。

e. 测量完毕，擦拭干净各部件后放入仪器盒中。

剪切线

任务工单二　食品折射率的测定

任务名称		学时	
学生姓名		班级	
实训场地		日期	
客户任务			
任务目的			

一、资讯

1. 折射率是指______________________________。
2. 折光法是通过__________的分析方法。它适用于__________类食品的测定，测得的成分是________的含量。常用的仪器有__________________。
3. 有些食品为什么要测折射率？

4. 叙述手持折射仪测量液体食品的注意事项。

5. 叙述阿贝折射仪测量液体食品的注意事项。

二、决策与计划

请根据检验对象和检测任务，确定检验的标准方法和所需要的检测仪器、试剂，并对小组成员合理分工，制定详细的工作计划。

1. 采用的标准方法：

2. 需要的检测仪器、试剂、实验耗材：

3. 写出小组成员分工、实际工作的具体步骤，注意计划好先后次序：

三、实施

1. 样品：

2. 测定：

3. 测量过程中把原始数据记录在下表中：

项目： 日期：

样品： 方法：

测定次数	1	2	3	4
阿贝折射仪读数				
手持折射仪读数				

4. 根据原始数据填写检验报告单：

检验报告单

编号：

样品名称		检验项目	
生产单位		检验依据	
生产日期及批号		检验日期	

检验结果：

结论：

四、检查

1. 根据考核标准，对整个实训过程中出现的问题进行总结。

2. 各组根据各自的检测对象不同，相互交流检验方法。

五、评估

1. 请根据自己任务的完成情况，对自己的工作进行自我评估，并提出改进建议。

2. 组内成员之间相互评估。

3. 教师对小组工作情况进行评估，并进行点评。

4. 学生本次完成任务得分：________________。

剪切线

任务三　固体食品比体积、膨胀率的测定

知识要求	技能要求	参考学时
• 了解食品膨胀率、比体积的定义； • 掌握食品膨胀率、比体积的测定方法。	• 会测定食品的膨胀率、比体积并正确判定食品的品质。	4

一、基本概念

比体积是指单位质量的固态食品所具有的体积（mL/100g 或 mL/g）。

另外还有一些与比体积相关的类似指标，如固体饮料的颗粒度（%）、饼干的块数（块/kg）、冰淇淋的膨胀率（%）等。这些指标都将直接影响产品的感官质量，也是其生产工艺过程质量控制的重要参数。

二、测定比体积和膨胀率的意义

以麦乳精、面包、冰激凌为例，测定的体积和膨胀率能判定其品质。

麦乳精的比体积反映了其颗粒的密度，同时也影响其溶解度。比体积过小，密度大，体积达不到要求；而比体积过大，密度小，质量达不到要求，严重影响其外观质量。

面包比体积过小，内部组织不均匀，风味不好；比体积过大，体积膨胀过分，内部组织粗糙、面包质量减少。

冰激凌的膨胀率，是在生产过程中的冷冻阶段形成的，混合物料在强烈搅拌下迅速冷却，水分成为微细的冰结晶，而大量混入的空气以极微小的气泡均布于物料中，使之体积增大，从而赋予冰激凌良好的组织状态及口感，冰激凌的膨胀率过大，则内部空气较多，质量较少；反之膨胀率过小，内部气泡过少，口感比较坚硬，不够松软。

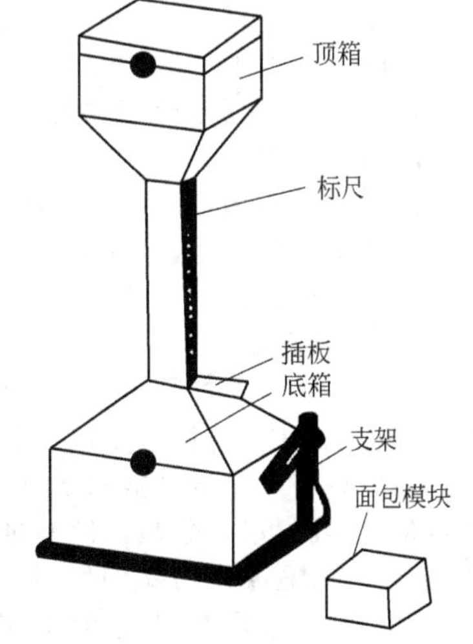

图 3-1　面包体积测定仪示意图

三、面包比体积的测定方法

分析方法参照 GB/T 20981—2007。

1. 面包比体积测定仪法

（1）仪器　天平：感量 0.1g。

（2）装置　面包体积测定仪：测量范围 0～1000mL，示意图见图 3-1。

（3）分析步骤

① 将待测面包称量，精确至 0.1g。

② 当待测面包体积不大于 400mL 时，先把底箱盖好，打开顶箱盖子和插板，从顶箱放入填充物，至标尺零线，盖好顶盖后，反复颠倒几次，调整填充物加入量至标尺零线；测量时，先把填充物倒置于顶箱，关闭插板开关，打开底箱盖，放入待测面包，盖好底盖，拉开插板使填充物自然落下，在标尺上读出填充物的刻度，即为面包的实测体积。

③ 当待测面包体积大于 400mL 时，先把底箱打开，放入 400mL 的标准模块，盖好顶箱盖子和插板，从顶箱放入填充物，至标尺零线，盖好顶盖后，反复颠倒几次，消除死角空隙，调整填充物加入量至标尺零线；测量时，先把填充物倒置于顶箱，关闭插板开关，打开底箱盖，放入待测面包，盖好底盖，拉开插板使填充物自然落下，在标尺上读出填充物的刻度，即为面包的实测体积。

（4）结果计算

$$X=\frac{V}{m}$$

式中　X——面包的比体积，mL/g；

V——面包的体积，mL；

m——面包质量，g。

注：两次测定数值，允许误差不超过0.1mL/g，取其平均数为测定结果。

2. 填充剂法

（1）仪器

天平：感量0.1g。

容器：容积应不小于面包样品的体积。

（2）分析步骤　用一个具有一定容积的容器进行测量。将容器用小颗粒填充剂（如小米或菜籽）填满、摇实，用直尺刮平。将填充剂倒入量筒量出体积 V_1。取一面包样品，称重后放入容器内，加入填充剂覆盖面包，填满、摇实，用直尺刮平。取出面包，将填充剂倒入量筒测量出体积 V_2。从两次体积差即可得面包体积。

（3）结果计算

$$X=\frac{V_1-V_2}{m}$$

式中　X——面包的比体积，mL/g；

V_1——容器的体积，mL；

V_2——小米的体积，mL；

m——面包质量，g。

注：二次测定数值，允许误差不超过0.1mL/g，取其平均数为测定结果。

四、冰激凌膨胀率的测定

参照SB/T 10009—2008冷冻饮品检验方法。

利用乙醚消泡的原理，将一定体积的冰激凌解冻后消泡，根据解冻前和解冻消泡后的体积差，测出冰激凌中所包含的空气的体积，从而计算出冰激凌的膨胀率。

1. 仪器和试剂

量器：容积为25.0～50.0mL，中空薄壁，无底无盖，便于插入冰激凌内取样。

容量瓶（250mL，200mL）、电冰箱（温度－18℃以下）、恒温水浴锅、薄刀、滴定管、漏斗、移液管、无水乙醚。

2. 操作步骤

（1）取样　先将量器及薄刀放在电冰箱中预冷至－18℃，然后将预冷的量器迅速平稳地按入冰激凌试样的中央部位，使冰激凌充满量器，用薄刀切平两头，并除去量器外黏附的冰激凌。

（2）测定　将试样放入插在250mL容量瓶中的玻璃漏斗中，另外用200mL容量瓶准确量200mL蒸馏水，分数次缓慢地加入漏斗中，使试样全部移入容量瓶，然后将容量瓶放在(45±5)℃的恒温水浴锅中保温，等泡沫基本消除后冷却至室温。

用移液管吸取2mL乙醚迅速加入容量瓶内，去除溶液中剩余的泡沫，用滴定管滴加蒸馏水，至容量瓶刻度处，记录滴加蒸馏水的体积。

（3）结果计算　膨胀率以体积分数（%）表示，按下式计算：

$$X=\frac{V_1+V_2}{V-(V_1+V_2)}\times 100\%$$

式中　X——试样的膨胀率,%；

V——取样器的体积，mL；

V_1——加入乙醚的体积，mL；

V_2——加入蒸馏水的体积，mL。

注：平行测定的结果用算术平均值表示，所得结果应保留至小数点后一位小数。

任务工单三　食品比体积、膨胀率的测定

任务名称		学时	
学生姓名		班级	
实训场地		日期	
客户任务			
任务目的			

一、资讯

1. 比体积是指____。

2. 为什么要测定食品的膨胀率、比体积？

3. 简述蒸馏水定容法测定冰激凌膨胀率的原理。

二、决策与计划

请根据检验对象和检测任务，确定检验的标准方法和所需要的检测仪器、试剂，并对小组成员合理分工，制定详细的工作计划。

1. 采用的标准方法：

2. 需要的检测仪器、试剂、实验耗材：

3. 写出小组成员分工、实际工作的具体步骤，注意计划好先后次序：

三、实施

1. 样品：

2. 测定：

3. 测量过程中把原始数据记录在下表中：

项目：　　　　　　　　　　　　日期：
样品：　　　　　　　　　　　　方法：

测定次数	1	2	3
样品膨胀率/比体积			

4. 根据原始数据填写检验报告单：

检验报告单

编号：

样品名称		检验项目	
生产单位		检验依据	
生产日期及批号		检验日期	

检验结果：

结论：

四、检查

1. 根据考核标准，对整个实训过程中出现的问题进行总结。

2. 各组根据各自的检测对象不同，相互交流检验方法。

五、评估

1. 请根据自己任务的完成情况，对自己的工作进行自我评估，并提出改进建议。

2. 组内成员之间相互评估。

3. 教师对小组工作情况进行评估，并进行点评。

4. 学生本次完成任务得分：＿＿＿＿＿＿＿＿。

任务四　食品中水分含量的测定

知识要求	技能要求	参考学时
• 理解测定食品中水分含量的意义； • 理解常压干燥、减压干燥、蒸馏法测定食品中水分含量的原理、适用范围； • 理解恒量的概念； • 掌握常压干燥法测定食品中水分含量的方法。	• 能根据食品的性质选择合适的水分含量的测定方法； • 会使用恒温电热干燥箱、干燥器； • 会使用常压干燥法测定食品中的水分含量并能对食品的品质进行判定。	6

一、概述

1. 水分测定的意义

水分测定可保证食品的品质；在食品监督管理中，评价食品的品质；在食品生产中，给计算生产中的物料平衡提供数据，指导工艺控制。下文与食品加工工艺结合，举例说明食品中水分的意义。

（1）水分含量是一项重要的质量指标　水分对保持食品的感官性状，维持食品中其它组分的平衡关系，保证食品具有一定的保存期，起重要作用。

例如：新鲜面包水分含量若低于28%～30%，其外观形态干瘪，失去光泽；硬糖水分含量控制在3.0%以内，可抑制微生物生长繁殖，延长保质期。

（2）水分含量是一项重要的技术指标　每种合格食品，在它营养成分表中水分含量都规定了一定的范围，如饼干2.5%～4.5%，蛋类73%～75%，乳类87%～89%，面粉12%～14%等。

原料中水分的含量的高低，对原料的品质和保存是密切相关的。

（3）水分含量是一项重要的经济指标　成本核算中物料平衡，如酿酒、酱油的原料蒸煮后，水分应控制在多少为最佳；制曲（大曲、小曲）风干后，水分在多少易于保存。这些都涉及耗能问题。

2. 水分的存在状态

（1）结合水或束缚水。

（2）自由水或游离水，它又包括不可移动水或滞化水、毛细管水和自由流动水。

3. 常见的水分测定方法

（1）直接法　利用水分本身的物理化学性质来测定水分含量的方法。又可分为如下两种。

① 重量法　如直接干燥法、减压干燥、干燥剂法、红外线干燥法；即凡操作过程中包括有称量步骤的测定方法。

② 蒸馏法　如蒸馏式水分测定仪。

(2) 间接法　利用食品的密度、折射率、电导、介电常数等物理性质测定。

直接法准确度高于间接法。

二、烘箱法——直接干燥法

分析方法参照GB/T 5009.3—2010《食品中水分的测定》第一法。

1. 原理

利用食品中水分的物理性质，在101.3kPa（一个大气压），温度101～105℃下采用挥发方法测定样品中干燥减失的重量，包括吸湿水、部分结晶水和该条件下能挥发的物质，再通过干燥前后的称量数值计算出水分的含量。

2. 测定方法的适用范围

适用于在101～105℃下，不含或含其它挥发性物质甚微的谷物及其制品、水产品、豆制品、乳制品、肉制品及卤菜制品等食品中水分的测定，不适用于水分含量小于0.5g/100g的样品。

3. 试剂和材料

除非另有规定，本方法中所用试剂均为分析纯。

(1) 盐酸　优级纯。

(2) 氢氧化钠（NaOH）　优级纯。

(3) 盐酸溶液（6mol/L）　量取50mL盐酸，加水稀释至100mL。

(4) 氢氧化钠溶液（6mol/L）　称取24g氢氧化钠，加水溶解并稀释至100mL。

(5) 海砂　取用水洗去泥土的海砂或河砂，先用盐酸煮沸0.5h，用水洗至中性，再用氢氧化钠溶液煮沸0.5h，用水洗至中性，经105℃干燥备用。

4. 仪器和设备

(1) 扁形铝制或玻璃制称量瓶。

(2) 电热恒温干燥箱（图4-1)。

(3) 干燥器　内附有效干燥剂。

(4) 电子天平　感量为0.1mg。

5. 分析步骤

(1) 设备准备　打开烘箱、设置烘箱温度，打开电子天平预热。

(2) 试剂准备　配制盐酸、氢氧化钠溶液。

(3) 仪器准备　清洗称量瓶（或蒸发皿)，并恒重。

称量瓶（或蒸发皿）恒重方法：取洁净铝制或玻璃制的扁形称量瓶（或取洁净的蒸发皿，内加10g海砂及一根小玻棒)，置于101～105℃干燥箱中，瓶盖斜支于瓶边，加热1.0h，取出盖好，置干燥器内冷却0.5h，称量，并重复干燥至前后两次质量差不超过2mg，即为恒重。

(4) 样品制备

① 固态食品　如面包、饼干、乳粉、饲料、粮谷类、大豆。磨碎后过筛（20～40目筛)，混匀。

一般水分含量在14%（安全水分）以下，在实验室条件下进行粉碎过筛等处理，水分

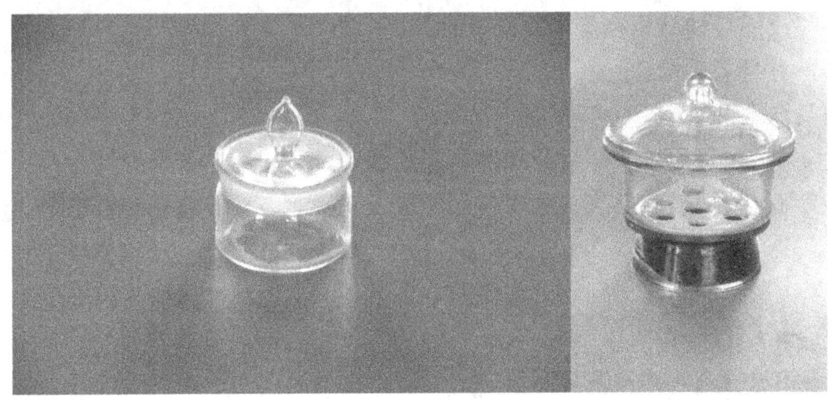

玻璃制称量瓶

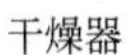

干燥器

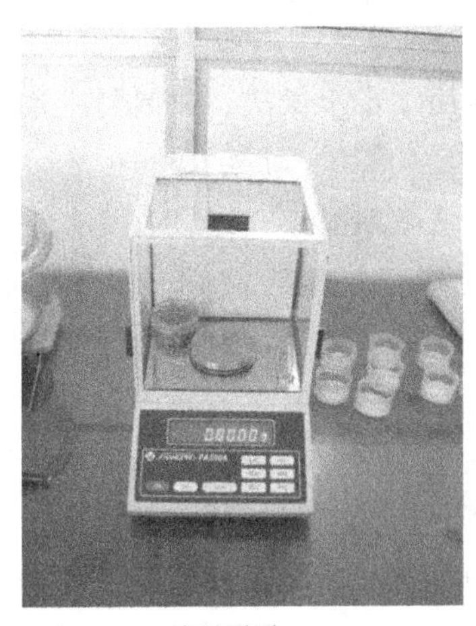

电子天平

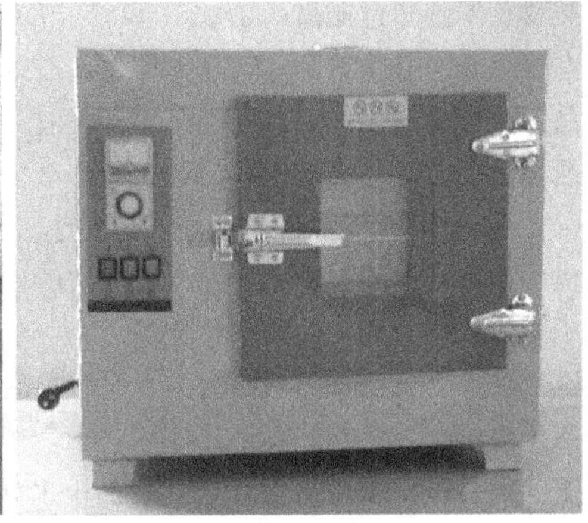

电热恒温干燥箱

图 4-1　烘箱法干燥仪器与设备

含量一般不会发生变化，但动作要迅速，制备好的样品存于干燥的磨口瓶中备用。

② 浓稠态样品　浓稠样品直接加热，其表面易结硬壳焦化，使内部水分蒸发受阻，加入精制海砂或无水 Na_2SO_4，搅拌均匀，以增大蒸发面积。

③ 液态样品　需经低温浓缩后，再进行高温干燥。

操作方法：称取 5～10g 试样（精确至 0.0001g），置于蒸发皿中，用小玻棒搅匀放在沸水浴上蒸干，并随时搅拌，擦去皿底的水滴。

(5) 样品与称量瓶（蒸发皿）恒重　称取 2～10g 试样（精确至 0.0001g），放入此称量瓶中，试样厚度不超过 5mm，如为疏松试样，厚度不超过 10mm，加盖，精密称量后，置 101～105℃干燥箱中，瓶盖斜支于瓶边，干燥 2～4h 后，盖好取出，放入干燥器内冷却 0.5h 后称量。然后再放入 101～105℃干燥箱中干燥 1h 左右，取出，放入干燥器内冷却 0.5h 后再称量。并重复以上操作，至前后两次质量差不超过 2mg，即为恒重。

6. 水分的计算

$$水分(\%)=\frac{m_1-m_2}{m_1-m_3}\times100$$

式中　m_1——干燥前样品与称量瓶质量，g；

m_2——干燥后样品与称量瓶质量，g；

m_3——称量瓶质量，g。

7. 说明及注意事项

（1）干燥器内一般用硅胶作为干燥剂，硅胶吸潮后会使干燥效果降低，当干燥器中硅胶蓝色减退或变红，说明硅胶已失去吸水作用，应及时更换，于135℃左右烘2～3h，使其再生后再使用。

（2）水果、蔬菜样品，应先洗去泥砂后，再用蒸馏水冲洗一次，然后用洁净纱布吸干表面的水分。

（3）在测定过程中，称量皿从烘箱中取出后，应迅速放入干燥器中进行冷却，否则，不易达到恒重。

（4）所装样品不宜超过瓶高的1/3。

（5）固态食品若水分含量≥16%，如面包：需采用二步干燥法。关键要注意在磨碎过程中，防止样品水分含量变化。

（6）判断恒量的方法　反复干燥后各次的称量数值不断减小，当最后两次的称量数值之差不超过2mg，说明水分已蒸发完全，达到恒量，干燥恒量值为最后一次的称量数值。反复干燥后各次的称量数值不断减小，而最后一次的称量数值增大，说明水分已蒸发完全并发生了氧化，干燥恒量值为氧化前的称量数值。

（7）在重复性条件下获得的两次独立测定结果的绝对差值不得超过算术平均值的5%。

三、减压干燥法

分析方法参照GB/T 5009.3—2010《食品中水分的测定》第二法。

1. 原理

利用食品中水分的物理性质，在达到40～53kPa压力后加热至（60±5)℃，采用减压烘干方法去除试样中的水分，再通过烘干前后的称量数值计算出水分的含量。

2. 适用范围

适用于糖、味精等易分解的食品中水分的测定，不适用于添加了其它原料的糖果，如奶糖、软糖等试样测定，同时该法不适用于水分含量小于0.5g/100g的样品。

3. 仪器及装置

真空烘箱、电子天平、称量瓶、干燥器。

4. 操作方法

精密称取2～5g（精确至0.0001g）样品于已烘干至恒重的称量瓶中，放入真空烘箱内，连接好真空干燥箱的全套装置后，打开真空泵抽出烘箱内空气至所需压力40～53.3kPa（300～400mmHg)，并同时加热至所需温度［(60±5)℃］。关闭真空泵上的活塞，停止抽气，使烘箱内保持一定的温度和压力，经4h后，打开活塞，使空气经干燥瓶缓缓进入烘箱内，待压力恢复正常后，再打开烘箱取出称量瓶，放入干燥器中冷却0.5h后称量。并重复以上操作至前后两次质量不超过2mg，即为恒重。

5. 结果计算

同直接干燥法。

6. 说明及注意事项

① 第一次使用的铝质称量盒要反复烘干两次，每次置于调节到规定温度的烘箱内烘1～2h，然后移至干燥器内冷却45min，称重（精确到0.1mg），求出恒重。第二次以后使用时，通常采用前一次的恒重值。试样为谷粒时，如小心使用可重复20～30次而恒重值不变。

② 由于直读天平与被测量物之间的温度差会引起明显的误差，故在操作中应力求被称量物与天平的温度相同后再称重，一般冷却时间在0.5～1h内。

③ 减压干燥时，自烘箱内部压力降至规定真空度时起计算烘干时间，一般每次烘干时间为2h，但有的样品需5h；恒重一般以减量不超过0.5mg时为标准，但对受热后易分解的样品则可以不超过1～3mg的减量值为恒重标准。

四、蒸馏法

分析方法参照GB/T 5009.3—2010《食品中水分的测定》第三法。

1. 原理

利用食品中水分的物理化学性质，使用水分测定器将食品中的水分与甲苯或二甲苯共同蒸出，根据接收的水的体积计算出试样中水分的含量。

2. 特点及适用范围

现已广泛用于谷类、果蔬、油类香料等多种样品的水分测定，特别对于香料，此法是唯一公认的水分含量的标准分析法。

3. 仪器和试剂

（1）仪器　蒸馏式水分测定仪。

（2）试剂　甲苯（沸点111℃），相对密度0.8669；二甲苯（沸点140℃），相对密度0.8642；苯（沸点80.2℃），相对密度0.9982。对热不稳定的食品，一般不采用二甲苯，因为它的沸点高，常选用低沸点的苯、甲苯或甲苯-二甲苯的混合液。对含糖分可分解放出水分的样品，如脱水洋葱、脱水大蒜，宜选用苯。

4. 操作方法

准确称取适量样品（估计含水量2～5mL），放入水分测定仪器的烧瓶中，加入新蒸馏的甲苯（或二甲苯）50～75mL使样品浸没，连接冷凝管及水分接收管，从冷凝管顶端注入甲苯（或二甲苯），装满水分接收管。

加热慢慢蒸馏，使每秒钟约蒸馏出2滴馏出液，待大部分水分蒸馏出后，加速蒸馏使每秒约蒸出4滴馏出液，当水分全部蒸出后（接收管内的体积不再增加时），从冷凝管顶端注入少许甲苯（或二甲苯）冲洗，如发现冷凝管壁或接收管上部附有水滴，可用附有小橡皮头的铜丝擦下，再蒸馏片刻直至接收管上部及冷凝管壁无水滴附着，接收管水平面保持10min不变为蒸馏终点，读取接收管水层的容积。

5. 结果计算

$$水分含量(\%)=\frac{V}{W}\times 100$$

式中　V——接收管内水的体积，mL；

W——样品的质量，g。

6. 说明及注意事项

（1）样品用量　一般谷类、豆类约 20g，鱼、肉、蛋、乳制品约 5～10g，蔬菜、水果约 5g。

（2）有机溶剂一般用甲苯，其沸点为 111℃。对于在高温易分解样品则用苯作蒸馏溶剂（纯苯沸点 80.2℃，水苯其沸点则为 69.25℃），但蒸馏的时间需延长。

任务工单四　食品中水分含量的测定

任务名称		学时	
学生姓名		班级	
实训场地		日期	
客户任务			
任务目的			

一、资讯

1. 食品中水分的存在形式有______________。
2. 食品中水分的测定方法可分为两大类______________。
3. 对于浓稠态样品测定前加精制海砂或者河砂的目的是______________。
4. 对于液态样品测定前加精制海砂或者河砂的目的是______________。
5. ______________方法是国际公认的测定香料的唯一标准方法。
6. 在水分测定过程中，干燥器有什么作用？怎样正确使用和维护干燥器？

7. 简述测定食品中水分的意义。

8. 在水分测定中，真空干燥法比常压干燥法有哪些优势？

9. 根据所掌握的测定水分含量的知识，指出下列食品水分测定的方法和注意事项：乳粉、淀粉、香料、谷类、干酪、肉类、果酱、糖果、南瓜、面包和油脂。

二、决策与计划

请根据检验对象和检测任务，确定检验的标准方法和所需要的检测仪器、试剂，并对小组成员合理分工，制定详细的工作计划。

1. 对待测样品的处理方法：

2. 需要的检测仪器、试剂、实验耗材：

3. 写出小组成员分工、实际工作的具体步骤，注意计划好先后次序：

三、实施

1. 称量瓶称量时应用______________夹取，不可用手直接接触称量瓶。
2. 恒重为两次称量质量差不超过______________。
3. 样品厚度不能超过______________。
4. 烘箱的温度应控制在______________。
5. 称量瓶应放在烘箱中______________的位置。

剪切线

6. 测量过程中把原始数据记录在下表中：

项目：　　　　　　　　　　　　　　　　　　　　日期：

样品：　　　　　　　　　　　　　　　　　　　　方法：

测定次数	1	2	3

7. 水分含量的计算公式为＿＿＿＿＿＿＿＿＿＿＿＿。

8. 根据原始数据填写检验报告单：

检验报告单

编号：

样品名称		检验项目	
生产单位		检验依据	
生产日期及批号		检验日期	

检验结果：

结论：

四、检查

1. 根据考核标准，对整个实训过程中出现的问题进行总结。

2. 各组根据各自的检测对象不同，相互交流检验方法。

五、评估

1. 请根据自己任务的完成情况，对自己的工作进行自我评估，并提出改进建议。

2. 组内成员之间相互评估。

3. 教师对小组工作情况进行评估，并进行点评。

4. 学生本次完成任务得分：＿＿＿＿＿＿＿＿＿＿。

剪切线

任务五　食品中灰分含量的测定

知识要求	技能要求	参考学时
• 了解灰分的概念、分类及测定食品中灰分含量的意义； • 了解坩埚的种类及特性； • 理解总灰分的测定原理； • 掌握样品炭化、灰化等基本操作方法； • 掌握测定食品中总灰分的测定方法。	• 能正确使用坩埚、高温炉； • 能选择合适的灰分测定条件（温度、时间、取样量等）； • 会测定食品中的总灰分含量并利用国标对食品的品质进行判定。	6

一、概述

1. 灰分的概念

总灰分：样品中无机成分的总量。

灰分：是指食品经高温灼烧完全后残留下来的无机物，又称矿物（氧化物或无机盐类）。

粗灰分：即灰分。食品的灰分与食品中原来存在的无机成分在数量和组成上并不完全相同。

样品在灰化过程中发生了一系列的变化：第一，水分、挥发元素如Cl、I、Pb等挥发散失，P、S等以含氧酸的形式挥发散失使无机成分减少。第二，某些金属氧化物会吸收有机物分解产生的二氧化碳而形成碳酸盐，又使无机成分增多。因此，将灼烧后的残留物称为粗灰分。

2. 灰分的分类（按溶解性分）

（1）水溶性灰分　K、Na、Mg、Ca，反映的是可溶性的钾、钠、钙、镁等的氧化物和盐类的含量。

（2）水不溶性灰分　泥砂、Fe、铝盐，反映的是污染的泥砂和铁、铝等氧化物及碱土金属的碱式磷酸盐的含量。

（3）酸不溶性灰分　泥砂、SiO_2，反映的是污染的泥砂和食品中原来存在的微量氧化硅的含量。

3. 测定灰分的意义

（1）评判食品品质

① 无机盐是六大营养要素之一，是人类生命活动不可缺少的物质，要正确评价某食品的营养价值，其无机盐含量是一个评价指标。

例如，黄豆是营养价值较高的食物，除富含蛋白质外，它的灰分含量高达5.0%。故测定灰分总含量，在评价食品品质方面有其重要意义。

② 生产果胶、明胶之类的胶质品时，灰分是这些制品的胶冻性能的标志。

果胶分为HM和LM两种，HM只要有糖、酸存在即能形成凝胶，而LM除糖、酸以外，还需要有金属离子，如Ca^{2+}、Al^{3+}。

(2) 评判食品加工精度　在面粉加工中，常以总灰分含量评定面粉等级，富强粉为0.3%～0.5%；标准粉为0.6%～0.9%。

(3) 判断食品受污染的程度。

水溶性灰分和酸不溶性灰分可作为食品生产的一项控制指标。水溶性灰分指示果酱、果冻制品中的果汁含量。酸不溶性灰分中的大部分是一些来自原料本身的，或在加工过程中来自环境污染混入产品中的泥砂等机械污染物，另外，还含有一些样品组织中的微量硅。

二、总灰分的测定

分析方法参照GB/T 5009.4—2010《食品的灰分的测定》。

1. 原理

把一定量的样品经炭化后放入高温炉内灼烧，使有机物质被氧化分解，以二氧化碳、氮的氧化物及水等形式逸出，而无机物质以硫酸盐、磷酸盐、碳酸盐、氯化物等无机盐和金属氧化物的形式残留下来，这些残留物即为灰分，称量残留物的质量即可计算出样品中总灰分的含量。

2. 仪器

(1) 坩埚　分素烧瓷坩埚、铂坩埚、石英坩埚等多种。铂坩埚具有耐高温、耐碱、导热性好、吸湿性小等优点，但价格昂贵。素烧瓷坩埚具有耐高温、耐酸、价格低廉等优点，缺点是耐碱性差。

(2) 其它仪器　电子天平、高温电炉、电炉、干燥器。

3. 取样量

取样时应考虑称量误差，以燃烧后得到的灰分质量为10～100mg来确定称样量。

通常奶粉、麦乳精、大豆粉、调味料、鱼类及海产品等取1～2g；谷物及其制品、肉及其制品、糕点、牛乳等取3～5g；蔬菜及其制品、砂糖及其制品、淀粉及其制品、蜂蜜、奶油等取5～10g；水果及其制品取20g；油脂取50g。

4. 灰化温度

灰化温度一般为500～550℃。

鱼类及海产品、谷类及其制品、乳制品，灰化温度≤550℃；

果蔬及其制品、砂糖及其制品、肉制品，灰化温度≤525℃；

个别样品（如谷类饲料）灰化温度可以达到600℃。

灰化的温度过高或过低对测定有如下影响。

(1) 灰化温度过高，将引起K、Na、Cl等元素的挥发损失，而且磷酸盐、硅酸盐类也会熔融，将炭粒包藏起来，使炭粒无法氧化。

(2) 灰化温度过低，则灰化速度慢、时间长，不易灰化完全，也不利于除去过剩的碱（碱性食品）吸收的二氧化碳。

因此，必须选择合适的灰化温度，在保证灰化完全的前提下，尽可能减少无机成分的挥发损失和缩短灰化时间。

5. 灰化时间

一般以灼烧至灰分呈白色或浅灰色，无炭粒存在并达到恒重为止。

通常根据经验灰化一定时间后，观察一次残灰的颜色，以确定第一次取出的时间，取出后冷却、称重，再放入炉中灼烧，直至达恒重。灰化至达到恒重一般需 2～5h。

注意：对有些样品，即使灰化完全，残灰也不一定呈白色或浅灰色。如铁含量高的食品，残灰呈褐色；锰、铜含量高的食品，残灰呈蓝绿色。有时即使残灰的表面呈白色，内部仍残留有炭块。

6. 加速灰化的方法

(1) 改变操作方法　样品经初步灼烧后，取出冷却，从灰化容器边缘慢慢加入（不可直接洒在残灰上，以防残灰飞扬）少量无离子水，使水溶性盐类溶解，被包住的炭粒暴露出来，在水浴上蒸发至干涸，置于 120～130℃烘箱中充分干燥（充分去除水分，以防再灰化时，因加热使残灰飞散），再灼烧到恒重。

(2) 添加助灰化剂　硝酸、乙醇、过氧化氢、碳酸铵，这类物质在灼烧后完全消失，不致增加残留灰分的重量。

(3) 添加过氧化镁、碳酸钙等惰性不熔物质　这类物质的作用纯属机械性的，它们和灰分混杂在一起，使炭微粒不受覆盖。此法应同时作空白试验。

7. 测定总灰分操作步骤

(1) 瓷坩埚的准备　将坩埚用盐酸（1∶4）煮 1～2h，洗净晾干；用三氯化铁与蓝墨水的混合液在坩埚外壁及盖上写上编号；置于规定温度（500～550℃）和高温炉中灼烧 1h；移至炉口冷却到 200℃左右后，再移入干燥器中，冷却至室温后，准确称重；再放入高温炉内灼烧 30min，取出冷却称重，直至恒重（两次称量之差不超过 0.5mg）。

使用坩埚的注意事项：由于温度骤升或骤降，常使坩埚破裂，最好将坩埚放入冷的（未加热）的炉膛中逐渐升高温度。灰化完毕后，应使炉温度降到 200℃以下，才可打开炉门。坩埚钳在取热坩埚时，要在电炉上预热。

(2) 样品预处理

① 固体　含水分较少的样品，如谷物、豆类，粉碎→过筛→称量。

② 含水分较多的试样

果蔬、动物组织等：制成均匀的试样→称量→烘干。

液体样品：果汁、牛乳等，称量→沸水浴蒸干。

③ 富含脂肪的样品　样品→制备成均匀试样→取样→抽提脂肪→残留物→瓷坩埚→炭化。目的：防止脂肪发生燃烧。

(3) 炭化　防止在灼烧时，因温度高试样中的水分急剧蒸发使试样飞扬；防止糖、蛋白质、淀粉等易发泡膨胀的物质在高温下发泡膨胀而溢出坩埚；不经炭化而直接灰化，炭粒易被包住，灰化不完全。

具体操作：将坩埚置于电炉或煤气灯上，半盖坩埚盖，小心加热炭化，直至无黑烟产生。

(4) 灰化　炭化后，把坩埚移入已设规定温度 500～550℃的高温炉炉口处，慢慢移入炉膛内，坩埚盖斜倚在坩埚口，关闭炉门；500～550℃灼烧一定时间至灰中无炭粒存在；冷却至200℃左右，打开炉门，将坩埚移入干燥器中冷却至室温；准确称重，再灼烧、冷却、称重，直至达到前后两次称量相差不超过0.5mg为恒重。

（5）结果计算

$$灰分(\%)=\frac{m_3-m_1}{m_2-m_1}\times 100$$

式中 m_1——空坩埚质量，g；

m_2——样品加空坩埚质量，g；

m_3——残灰加空坩埚质量，g。

任务工单五　食品中灰分含量的测定

任务名称		学时	
学生姓名		班级	
实训场地		日期	
客户任务			
任务目的			

一、资讯

1. 灰分是指____。
2. 测定灰分含量使用的灰化容器有________、________、________。
3. 耐碱性好的灰化容器是________。
4. 取样量的多少以取样后得到的灰分含量为____________来决定。
5. 对水分含量较多的食品测定其灰分含量应选择________方法进行预处理。
6. 炭化高糖食品食品时未防止泡沫溢出坩埚外面，应加入________。
7. 简述测定食品中灰分的意义。

8. 简述瓷坩埚的性能及使用时需注意的问题。

9. 写出测定灰分的原理，及灰化温度的高低对测定结果可能产生的影响。

二、决策与计划

请根据检验对象和检测任务，确定检验的标准方法和所需要的检测仪器、试剂，并对小组成员合理分工，制定详细的工作计划。

1. 对待测样品的处理方法：

2. 需要的检测仪器、试剂、实验耗材：

3. 写出小组成员分工、实际工作的具体步骤，注意计划好先后次序：

三、实施

1. 称取样品的质量应在______________________范围。
2. 灰化温度应控制在______________________。
3. 测定食品灰分含量需要将样品放在电炉上炭化，炭化需达到________为止。
4. 测定品灰分含量需要将样品放入高温炉中灼烧，因此必须将样品灼烧至______并达到恒重为。
5. 测量过程中把原始数据记录在下表中：

剪切线

项目：　　　　　　　　　　　　　　　　　　　　日期：

样品：　　　　　　　　　　　　　　　　　　　　方法：

测定次数	1	2	3

6. 灰分含量的计算公式为________________。

7. 根据原始数据填写检验报告单：

检验报告单

编号：

样品名称		检验项目	
生产单位		检验依据	
生产日期及批号		检验日期	
检验结果：			
结论：			

四、检查

1. 根据考核标准，对整个实训过程中出现的问题进行总结。

2. 各组根据各自的检测对象不同，相互交流检验方法。

五、评估

1. 请根据自己任务的完成情况，对自己的工作进行自我评估，并提出改进建议。

2. 组内成员之间相互评估。

3. 教师对小组工作情况进行评估，并进行点评。

4. 学生本次完成任务得分：________________。

剪切线

任务六　食品酸度的测定

知识要求	技能要求	参考学时
●了解各种酸度的概念，酸类物质的存在状态；pH 值、酸碱滴定的相关知识； ●了解测定食品中酸度的意义； ●理解总酸度、挥发酸度、有效酸度的测定原理； ●掌握总酸度的测定方法和氢氧化钠标准溶液的标准配制方法； ●掌握有效酸度的测定和 pH 计的使用方法和操作知识。	●能配制氢氧化钠标准溶液并对其浓度进行标定； ●会测定食品的总酸度； ●会使用 pH 计测定食品的有效酸度。	6

一、概述

1. 酸度的概念

（1）总酸度是指食品中所有酸性成分的总量。它包括未离解的酸的浓度和已离解的酸的浓度，其大小可借碱滴定来测定，故总酸度又可称为“可滴定酸度”。

（2）有效酸度是指被测液中 H^+ 的浓度，准确地说应是溶液中 H^+ 的活度，所反映的是已离解的那部分酸的浓度，常用 pH 值表示。其大小可借酸度计（即 pH 计）来测定。

（3）挥发酸是指食品中易挥的有机酸，如甲酸、乙酸及丁酸等低碳链的直链脂肪酸。其大小可通过蒸馏法分离，再借标准碱滴定来测定。

（4）牛乳酸度有如下两种酸度

① 外表酸度　又叫固有酸度，是指刚挤出来的新鲜牛乳本身所具有的酸度，主要来源于鲜牛乳中酪蛋白、白蛋白、柠檬酸盐及磷酸盐等酸性成分。外表酸度在酸牛乳中约占 0.15%～0.18%（以乳酸计）。

② 真实酸度　又叫发酵酸度，是指牛乳放置过程中在乳酸菌作用下乳糖发酵产生了乳酸而升高的那部分酸度。若牛乳的含酸量超过了 0.15%～0.20%即认为有乳酸存在。习惯上把含酸量在 0.20%以上的牛乳不列为鲜牛乳。

外表酸度和真实酸度之和即为牛乳的总酸度，其大小可通过标准碱滴定来测定。

2. 测定酸度的意义

（1）对食品的调色具有指导作用，食品的色调由色素决定。色素所形成的色调与酸度密切相关，色素会在不同的酸度条件下发生变色反应，只有测定出酸度才能有效地调控食品的色调。如叶绿素在酸性下会变成黄褐色的脱镁叶绿素。

（2）对食品的口味的调控作用　食品的口味取决于食品中糖、酸的种类、含量及其比例，酸度降低则甜味增加；酸度增高则甜味减弱。调控好适宜的酸味和甜味才能使食品具有各自独特的口味和风味。

（3）对食品稳定性的控制作用　酸度的高低对食品的稳定性有一定影响。如降低 pH 值，能减弱微生物的抗热性和抑制其生长，pH 值是果蔬罐头杀菌条件控制的主要依据；控制 pH 值可抑制水果不变；有机酸可以提高维生素 C 的稳定性，防止其氧化。所以酸度的测定对控制食品的稳定性作为一种依据。

（4）测定酸度和酸的成分可以判断食品的好坏　发酵制品中若有甲酸积累，说明发生了细菌性腐败。油脂常是中性的，不含游离脂肪酸。若测出含有游离脂肪酸，说明发生了油脂酸败。若肉的 $pH>6.7$，说明肉已变质。

（5）测定酸度可判断果蔬的成熟度　果蔬有机酸含量下降，糖含量增加，糖酸比增大，成熟度提高。故测定酸度可判断某些果蔬的成熟度，对于确定果蔬收获期及加工工艺条件很有意义。

二、酸度的测定

1. 总酸度的测定

分析方法参照 GB/T 12456—2008《食品中总酸的测定》。

（1）原理　食品中的有机弱酸在用标准碱液滴定时，被中和生成盐类。用酚酞作指示剂，当滴定至终点（pH8.2，指示剂显红色）时，根据耗用标准碱液的体积，可计算出样品中总酸含量，其反应式如下：

$$RCOOH + NaOH \longrightarrow RCOONa + H_2O$$

（2）适用范围　本法适用于各类浅色的食品中总酸含量的测定。

（3）试剂

① 0.1mol/L NaOH 标准溶液　称取氢氧化钠（A.R.）120g 于 250mL 烧杯中，加入蒸馏水 100mL，摇振使其溶解，冷却后置于聚乙烯塑料瓶中，密封，放置数日澄清后，取上清液 5.6mL，加新煮沸过的并已冷却的蒸馏水 1000mL，摇匀，并标定其浓度。

② 1%酚酞乙醇溶液　称取酚酞 1g 溶解于 100mL 95%乙醇中。

（4）操作方法

① 样液制备

a. 固体样品、干鲜果蔬、蜜饯及罐头样品　将样品用粉碎机或高速组织捣碎机捣碎并混合均匀。取适量样品（按其总酸含量而定），用 15mL 无 CO_2 蒸馏水（果蔬干品需加 8～9 倍无 CO_2 蒸馏水）将其移入 250mL 容量瓶中在 75～80℃ 的水浴上加热 0.5h（果脯类沸水浴加热 1h），冷却后定容，用干燥滤纸过滤，弃去初始滤液 25mL，收集续滤液备用。

b. 含 CO_2 的饮料、酒类　将样品置于 40℃ 水浴加热 30min，以除去 CO_2，冷却后备用。

c. 调味品及不含 CO_2 的饮料、酒类　将样品混匀后直接取样，必要时加适量水稀释（若样品浑浊，则需过滤）。

d. 咖啡样品　将样品粉碎通过 40 目筛，取 10g 粉碎的样品于锥形瓶中，加入 75mL 80%乙醇，加塞放置 16h，并不时摇动，过滤。

e. 固体饮料　称取 5～10g 样品，置于研钵中，加少量无 CO_2 蒸馏水，研磨成糊状，用无 CO_2 蒸馏水移入 250mL 容量瓶中，充分振摇，过滤。

② 测定　准确吸取上法制备滤液 50mL，加酚酞指示剂 3～4 滴，用 0.1mol/L NaOH 标准溶液滴定致微红色 30s 不退色，记录消耗 0.1mol/L NaOH 标准溶液体积（mL）。同一被测样品应测定两次，同时做空白试验。

（5）结果计算

$$总酸度(\%)=\frac{c(V_1-V_2)KF}{m}\times 1000$$

式中　c——标准 NaOH 溶液的浓度，mol/L；

V_1——滴定试液消耗标准 NaOH 标准滴定溶液的体积，mL；

V_2——空白试验消耗标准 NaOH 标准滴定溶液的体积，mL；

m——样品质量或体积，g 或 mL；

F——试液的稀释倍数；

K——酸的换算系数，即 1mmol 氢氧化钠相当于主要酸的质量（g）；苹果酸，0.067；柠檬酸，0.064；柠檬酸（带一分子水），0.070；乙酸，0.060；酒石酸，0.075；乳酸，0.090；盐酸，0.036；磷酸，0.049。

（6）说明

① 样品浸渍、稀释用蒸馏水不能含有 CO_2，为什么？

因为 CO_2 溶于水会生成酸性的 H_2CO_3 形式，影响滴定终点时酚酞颜色变化。

无 CO_2 的蒸馏水的制备方法为：将蒸馏水煮沸 20min 后，用碱石灰保护冷却；或将蒸馏水在使用前煮沸 15min 并迅速冷却备用。必要时需经碱液抽真空处理。

样品中 CO_2 对测定也有干扰，故对含有 CO_2 饮料、酒类等样品在测定之前须除去 CO_2。

② 样品浸渍、稀释之用水量应根据样品中总酸含量来慎重选择，为使误差不超过允许范围，一般要求滴定时消耗 0.1mol/L NaOH 溶液不得少于 5mL，最好在 10～15mL。

③ 为什么选用酚酞作指示剂？

由于食品中有机酸均为弱酸，在用强碱（NaOH）滴定时，其滴定终点 pH 过高，一般在 pH8.2 左右，故可选用酚酞作终点指示剂。

④ 若样液有颜色（如带色果汁等），怎么办？

若样液颜色过深或浑浊，则宜用电位滴定法。

⑤ 各类食品的酸度都以主要酸表示，但是有些食品（如乳品，面包等）亦可用中和 100g（mL）样品所需 0.1mol/L（乳品）或 1mol/L（面包）NaOH 溶液体积（mL）表示，符号为°T [°T 为吉尔涅尔度：取 100mL 牛乳，用酚酞作指示剂，以 0.1mol/L NaOH 滴定，按所消耗的 NaOH 的体积（mL）来表示，消耗 1mL 即为 1°T]。鲜牛乳的酸度为 16～18°T，面包酸度一般为 3～9°T。

2. 挥发酸的测定：水蒸气蒸馏法测挥发酸

挥发酸是食品中含低碳链的直链脂肪酸，主要是乙酸和痕量的甲酸、丁酸等，不包括可用水蒸气蒸馏的乳酸、琥珀酸、山梨酸及 CO_2 和 SO_2 等。

正常生产的食品中，其挥发酸的含量较稳定，若在生产中使用了不合格的原料，或违背正常的工艺操作，则会由于糖的发酵而使挥发酸的含量增加，降低了食品的品质，因此，挥发酸的含量是某些食品的一项质量控制指标。

（1）原理　样品经适当处理后，加适量磷酸使结合态挥发酸游离出来，用水蒸气蒸馏分离出总挥发酸，经冷凝，收集后，以酚酞作指示剂，用标准碱液滴定至微红色 30s 不退色为终点，根据标准碱液消耗量计算样品中总挥发酸含量。

（2）适用范围　本方法适用于各类饮料、果蔬及其制品（如发酵制品、酒等）中总挥发酸含量的测定。

（3）试剂

① 0.1mol/L NaOH 标准溶液　同总酸度的测定。

② 1%酚酞乙醇溶液　同总酸度的测定。

③ 10%磷酸溶液　称取 10.0g 磷酸，用少许无 CO_2 蒸馏水溶解并稀释至 100mL。

（4）样品处理方法

① 一般果蔬及饮料可直接取样。

② 含 CO_2 的饮料、发酵酒类，必须排除 CO_2，方法是取 80～100mL（g）样品于锥形瓶中，在用电磁搅拌器的同时，于低真空下抽气 2～4min 以除去 CO_2。

③ 固体样品（如干鲜果蔬及其制品）及冷冻、黏稠等制品，先取可食部分加入定量水（冷冻制品须先解冻），用高速组织捣碎机捣成浆状，再称取处理样品 10g，加无 CO_2 蒸馏水溶解并稀释至 25mL。

（5）测定步骤

① 准确称取约 2～3g，搅碎混匀的样品，用 50mL 新煮沸的蒸馏水将样品全部洗入 250mL 圆底烧瓶中。

② 加 100g/L 磷酸溶液 1mL。

③ 连接水蒸气蒸馏装置，通入水蒸气使挥发酸蒸馏出来。

④ 加热蒸馏至馏出液 300mL 为止。

⑤ 将馏出液加热至 60～65℃，加入 3 滴酚酞指示剂，用 0.1mol/L NaOH 标准溶液滴定至微红色 30s 不退色即为终点。

⑥ 用相同的条件做一空白试验。

（6）结果计算　食品中总挥发酸通常以乙酸的质量百分数表示，计算公式如下：

$$挥发酸[以乙酸计,g/100g(mL)样品]=\frac{(V_1-V_2)c}{m}\times 0.06\times 100$$

式中　m——样品质量或体积，g 或 mL；

V_1——样液滴定消耗标准 NaOH 的体积，mL；

V_2——空白滴定消耗标准 NaOH 的体积，mL；

c——标准 NaOH 溶液的浓度，mol/L；

0.06——换算为乙酸的系数，即 1mmol NaOH 相当于乙酸的质量（g）。

（7）说明

① 蒸馏前蒸汽发生瓶中的水应先煮沸 10min，以排除其中的 CO_2，并用蒸汽冲洗整个蒸馏装置。

② 整套蒸馏装置的各个连接处应密封，不可漏气。

③ 滴定前将馏出液加热至 60～65℃，使其终点明显，加快反应速度，缩短滴定时间，

减少溶液与空气的接触，提高测定精度。

3. 有效酸度（pH值）的测定——电位法

（1）原理　以玻璃电极为指示电极，饱和甘汞电极为参比电极，插入待测样液中组成原电池，该电池电动势（E）大小与溶液pH值有直线关系：

$$E=E_0-0.0591\text{pH}(25℃)$$

即在25℃时，每相差一个pH值单位就产生59.1mV的电池电动势，利用酸度计测量电池电动势并直接以pH表示，故可从酸度计上读出样品溶液的pH值。

（2）适用范围　本方法适用于各类饮料、果蔬及其制品，以及肉、蛋类食品中pH值的测定。测定值可准确到0.01pH单位。

（3）试剂

① pH 3.999（20℃）标准缓冲溶液　称取10.12g于110℃干燥2h并以冷却的邻苯二甲酸氢钾，用无CO_2蒸馏水溶解并稀释到1L。

② pH6.878（20℃）标准缓冲溶液　称取110～130℃下干燥2h并已冷却的KH_2PO_4 3.387g和Na_2HPO_4 3.533g，用无CO_2蒸馏水溶解并稀释到1L。

③ pH9.227（20℃）标准缓冲溶液　称取3.80g硼砂（$Na_2B_4O_7 \cdot 10H_2O$），用无CO_2蒸馏水溶解并稀释到1L。

（4）主要仪器

① PHS-3C型酸度计，PHS-25型酸度计，PHS-3B型酸度计。

② 231型玻璃电极，232型甘汞电极，E-201-C型复合电极。

③ 电磁搅拌器（带磁性搅拌棒）。

④ 高速组织捣碎机。

（5）操作方法

① 样品处理　同总酸度测定。

② 酸度计的校正。

调节选择旋钮至pH挡；用温度计测量被测溶液的温度，读数，例如25℃。调节温度旋钮至测量值25℃。调节斜率旋钮至最大值。打开电极套管，用蒸馏水洗涤电极头部，用吸水纸仔细将电极头部吸干，将复合电极放入混合磷酸盐的标准缓冲溶液，使溶液淹没电极头部的玻璃球，轻轻摇匀，待读数稳定后，调定位旋钮，使显示值为该溶液25℃时标准pH值为6.86。

将电极取出，洗净、吸干，放入邻苯二甲酸氢钾标准缓冲溶液中，摇匀，待读数稳定后，调节斜率旋钮，使显示值为该溶液25℃时标准pH值4.00。取出电极，洗净、吸干，再次放入混合磷酸盐的标准缓冲溶液，摇匀，待读数稳定后，调定位旋钮，使显示值为25℃时标准pH值6.86。取出电极，洗净、吸干，放入邻苯二甲酸氢钾的缓冲溶液中，摇匀，待读数稳定后，再调节斜率旋钮，使显示值为25℃时标准pH值4.00。取出电极，洗净、吸干。重复校正，直到两标准溶液的测量值与标准pH值基本相符为止。

③ 样液pH值的测定。

校正过程结束后，进入测量状态。将复合电极放入盛有待测溶液的烧杯中，轻轻摇匀，待读数稳定后，记录读数。

完成测试后，移走溶液，用蒸馏水冲洗电极，吸干，套上套管，关闭电源，结束实验。

（6）说明

① 新电极或很久未使用的干燥电极，必须浸在蒸馏水或0.1mol/L的盐酸溶液中24h以上，不用时宜浸在蒸馏水中。

② 玻璃电极的玻璃球膜易碎，使用时要特别小心。若电极上沾上油污，可将电极依次浸入乙醇、乙醚（或四氯化碳）、乙醇中进行清洗后，用蒸馏水冲洗干净。

任务工单六　食品酸度的测定

任务名称		学时	
学生姓名		班级	
实训场地		日期	
客户任务			
任务目的			

一、资讯

1. 食品中的酸度的表示方法有________、________、________、__________等

2. 牛乳的滴定酸度是指______________________。

3. 总酸度常用______________________方法测定。

4. 在用蒸馏法来测挥发酸度时所用到的氢氧化钠标准溶液要用________来进行标定。

5. pH 计的工作原理是什么？

6. 简述 pH 计的校正方法？

7. 对于颜色较深的样品，在测定其总酸度时如何保证测定结果的准确？

二、决策与计划

请根据检验对象和检测任务，确定检验的标准方法和所需要的检测仪器、试剂，并对小组成员合理分工，制定详细的工作计划。

1. 采用的标准方法：

2. 需要的检测仪器、试剂、实验耗材：

3. 写出小组成员分工、实际工作的具体步骤，注意计划好先后次序：

三、实施

1. 样品：

2. 测定：

3. 测量过程中把原始数据记录在下表中。

项目：　　　　　　　　　　　　　　　　　　　　　　日期：
样品：　　　　　　　　　　　　　　　　　　　　　　方法：

4. 计算公式为________________。
5. 根据原始数据填写检验报告单：

检验报告单

编号：

样品名称		检验项目	
生产单位		检验依据	
生产日期及批号		检验日期	
检验结果：			
结论：			

四、检查

1. 根据考核标准，对整个实训过程中出现的问题进行总结。

2. 各组根据各自的检测对象不同，相互交流检验方法。

五、评估

1. 请根据自己任务的完成情况，对自己的工作进行自我评估，并提出改进建议。

2. 组内成员之间相互评估。

3. 教师对小组工作情况进行评估，并进行点评。

4. 学生本次完成任务得分：________________。

剪切线

任务七　食品中脂肪含量的测定

知识要求	技能要求	参考学时
•了解脂肪的存在状态,常用有机溶剂的特点,粗脂肪的概念; •了解测定食品中脂肪含量的意义; •了解各类脂肪测定方法的原理和适用范围; •理解脂肪测定的原理; •掌握乙醚、石油醚等有机溶剂的安全使用方法; •掌握索氏提取法、罗紫・哥特里法、酸水解法、巴布科克法、氯仿-甲醇提取法等测定脂肪含量的操作方法。	•能根据食品的性质选择合适的脂肪含量的测定方法; •会进行有机溶剂的回收; •会使用索氏提取法、罗紫・哥特里法、酸水解法、巴布科克法、氯仿-甲醇提取法等测定食品中的脂肪含量并能利用该类食品的标准对食品的品质进行判定。	6

一、概述

1. 脂肪在食品与食品加工中的作用

（1）脂肪在食品中的作用　脂肪是食品中重要的营养成分之一。脂肪可为人体提供必需脂肪酸。脂肪是一种富含热能营养素，是人体热能的主要来源。脂肪是脂溶性维生素的良好溶剂，有助于脂溶性维生素的吸收。脂肪与蛋白质结合生成脂蛋白，在调节人体生理机能和完成体内生化反应方面都起着十分重要的作用。

（2）脂肪在食品加工中的作用　在食品加工过程中，原料、半成品、成品的脂类含量对产品的风味、组织结构、品质、外观、口感等都有直接的影响。蔬菜本身的脂肪含量较低，在生产蔬菜罐头时，添加适量的脂肪可以改善产品的风味，对于面包之类焙烤食品，脂肪含量特别是卵磷脂组分，对于面包心的柔软度、面包的体积及其结构都有影响。脂肪是食品质量管理中的一项重要指标。测定食品的脂肪含量，可以用来评价食品的品质，衡量食品的营养价值，等方面都有重要的意义。

2. 食品中脂肪的存在形式

食品中脂肪有游离态存在形式的，如动物性脂肪及植物性油脂；也有结合态的，如天然存在的磷脂、糖脂脂蛋白及某些加工品（如焙烤食品及麦乳精等）中的脂肪，与蛋白质或碳水化合物形成结合态。对大多数食品来说，游离态脂肪是主要的，结合态脂肪含量较少。

3. 脂类的提取

脂类不溶于水，易溶于有机溶剂。测定脂类大多采用低沸点的有机溶剂萃取的方法。

（1）常用的溶剂及特性

① 乙醚溶解脂肪的能力强，应用最多。但它沸点低（34.6℃），易燃，且可含约2%的水分，含水乙醚会同时抽出糖分等非脂成分，所以使用时，必须采用无水乙醚作提取剂，且要求样品无水分。

② 氯仿-甲醇是另一种有效的溶剂，它对于脂蛋白，磷脂的提取效率较高，特别适用于水产品、家禽、蛋制品等食品脂肪的提取。

③ 石油醚溶解脂肪的能力比乙醚弱些，但吸收水分比乙醚少，没有乙醚易燃，使用时允许样品含有微量水分，这两种溶液只能直接提取游离的脂肪，对于结合态脂类，必须预先用酸或碱破坏脂类和非脂成分的结合后才能提取。

因上述溶剂各有特点，故常常混合使用。

(2) 脂类提取方法　用溶剂提取食品中的脂类时，要根据食品种类、性状及所选取的分析方法，在测定之前对样品进行预处理。

有时需将样品粉碎、切碎、碾磨等；有时需将样品烘干；有的样品易结块，可加入4～6倍量的海砂；有的样品含水量较高，可加入适量无水硫酸钠，使样品成粒状。以上的处理目的都是为了增加样品的表面积，减少样品含水量，使有机溶剂更有效的提取出脂类。

4. 常用的测定脂类的方法

常用的测定脂肪的方法有：索氏提取法、酸水解法、罗紫·哥特里法、巴布科克法、盖勃法和氯仿-甲醇提取法等。酸水解法能对包括结合态脂类在内的全部脂类进行定量。而罗紫·哥特里法主要用于乳及乳制品中脂类的测定。

二、索氏提取法

分析方法参照GB/T 5009.6—2003《食品中脂肪的测定》第一法。

1. 适用范围与特点

此法适用于脂类含量较高，结合态的脂类含量较少，能烘干磨细，不易吸湿结块的样品的测定。

索氏提取法测得的只是游离态脂肪，而结合态脂肪测不出来。

2. 仪器

索氏提取器、电热恒温水浴锅、电热恒温烘箱。

3. 试剂

无水乙醚或石油醚。

4. 测定方法

滤纸筒的制备→样品制备→索氏提取器的准备→抽提→回收溶剂。

① 滤纸筒的制备　将滤纸裁成8cm×15cm大小，以直径为2.0cm的大试管为模型，将滤纸紧靠试管壁卷成圆筒形，把底端封口，内放一小片脱脂棉，用白细线扎好定型，在100～105℃烘箱中烘至恒量（准确至0.0002g）。

② 样品制备　样品于100～105℃烘箱中烘干并磨碎，或用测定水分后的试样。准确称取2～5g（精确至0.001g）试样于滤纸筒内，封好上口。

③ 索氏提取器的准备　索氏提取器是由回流冷凝管、提脂管、提脂烧瓶三部分所组成，抽提脂肪之前应将各部分洗涤干净并干燥，提脂烧瓶需烘干并称至恒重（前后两次称量差不超过0.002g）。

④ 抽提　将装有试样的滤纸筒放入带有虹吸管的提脂管中，注入乙醚，至使虹吸管发生虹吸作用，乙醚全部流入提脂烧瓶，再倒入乙醚，同样再虹吸一次。此时，提脂烧瓶中乙醚量约为烧瓶体积2/3。连接回流冷凝器，用少量脱脂棉塞入冷凝管上口。将底瓶放在水浴锅上加热。在恒温水浴中抽提，控制每分钟滴下乙醚80滴左右，抽提3～4h至抽提完全

（视含油量高低，或 8～12h，甚至 24h）。可用滤纸或毛玻璃检查，由提脂管下口滴下的乙醚滴在滤纸或毛玻璃上，挥发后不留下痕迹。

⑤ 回收溶剂　取出滤纸筒，用抽提器回收乙醚，当乙醚在提脂管内将要虹吸时立即取下提脂管，将其下口放到盛乙醚的试剂瓶口，使之倾斜，使液面超过虹吸管，乙醚即经虹吸管流入瓶内。按同法继续回收，将乙醚完全蒸出后，取下提脂烧瓶，于水浴上蒸去残留乙醚。用纱布擦净烧瓶外部，于 100～105℃烘箱中烘至恒量并准确称量。或将滤纸筒置于小烧杯内，将乙醚挥发干，在 100～105℃烘箱中烘至恒量，滤纸筒及样品所减少的质量即为脂肪质量。所用滤纸应事先用乙醚浸泡并挥发干，滤纸筒应预先恒量。

5. 结果计算

$$\omega=\frac{m_2-m_1}{m}\times 100\%$$

式中　ω——脂类质量分数，%；

m——试样质量，g；

m_1——提脂瓶质量，g；

m_2——提脂瓶与样品所含脂肪质量，g。

6. 说明

① 此法原则上应用于风干或经干燥处理的试样，但某些湿润、黏稠状态的食品，添加无水硫酸钠混合分散后也可设法使用索氏提取法。

② 乙醚回收后，烧瓶中稍残留乙醚，放入烘箱中有发生爆炸的危险，故需在水浴上彻底蒸干，另外，使用乙醚时应注意室内通风换气。仪器周围不要有明火，以防空气中有机溶剂蒸气着火或爆炸。

③ 提取过程中若有溶剂蒸发损耗太多，可适当从冷凝器上口小心加入（用漏斗）适量新溶剂补充。

④ 提取后烧瓶烘干称量过程中，反复加热会因脂类氧化而增量，故在恒量中若质量增加时，应以增量前的质量作为恒量。为避免脂肪氧化造成的误差，对富含脂肪的食品，应在真空干燥箱中干燥。

⑤ 所用乙醚应不含过氧化物、水分及醇类。过氧化物的存在会促使脂肪氧化而增量，且在烘烤提脂瓶时残留过氧化物易发生爆炸事故。水分及醇类的存在会因糖及无机盐等物质的抽出而增量。

过氧化物检查方法：取乙醚 10mL 加入 100g/L 碘化钾溶液 2mL，用水振摇放置 1min，若碘化钾层出现黄色证明有过氧化物存在。此乙醚需经处理后方可使用。

乙醚的处理：于乙醚中加入 1/20～1/10 体积的 200g/L 硫代硫酸钠溶液洗涤，再用水洗，然后加入少量无水氧化钙或无水硫酸钠脱水，于水浴上进行蒸馏。蒸馏时，水浴温度一般调至稍高于溶剂沸点，能达到烧瓶内沸腾即可。弃去最初及最后的 1/10 馏出液，收集中间馏出液备用。

三、酸水解法

分析方法参照 GB/T 5009.6—2003《食品中脂肪的测定》第二法。

某些食品中，脂肪被包含在食品组织内部，或与食品成分结合而成结合态脂类，如谷物等淀粉颗粒中的脂类，面条、焙烤食品等组织中包含的脂类，用索氏提取法不能完全提取出来。这种情况下，必须要用强酸将淀粉、蛋白质、纤维素水解，使脂类游离出来，再用有机溶剂提取。

1. 原理

酸水解法的原理是利用强酸在加热的条件下将试样成分水解，使结合或包藏在组织内的脂肪游离出来，再用有机溶剂提取，经回收溶剂并干燥后，称量提取物质量即为试样中所含脂类。

2. 适用范围

此法使用于各类食品总脂肪的测定，特别对于易吸潮，结块，难以干燥的食品应用本法测定效果较好，但此法不宜用高糖类食品，因糖类食品遇强酸易炭化而影响测定效果。

应用此法，脂类中的磷脂，在水解条件下将几乎完全分解为脂肪酸及碱，当用于测定含大量磷脂的食品时，测定值将偏低。故对于含较多磷脂的蛋及其制品，鱼类及其制品，不适宜用此法。

3. 仪器与试剂

(1) 仪器：恒温水浴 50～80℃，100mL 具塞量筒。

(2) 试剂：乙醇 (95%，体积分数)，乙醚 (不含过氧化物)，石油醚 (30～60℃沸腾)，盐酸。

4. 测定步骤

样品处理→水解→提取→回收溶剂→烘干→称重。

(1) 水解　准确称取固体样品 2g 于 50mL 大试管中，加入 8mL 水，用玻璃棒充分混合，加 10mL 盐酸。或称取液体样品 10g 于 50mL 大试管中，加 10mL 盐酸。混匀后于 70～80℃的水浴中，每隔 5～10min 用玻璃棒搅拌一次至脂肪游离为止，约需 40～50min，取出静置，冷却。

(2) 提取　取出试管加入 10mL 乙醇，混合。冷却后将混合物移入 100mL 具塞量筒中，用 25mL 乙醚分次冲洗试管，洗液一并倒入具塞量筒内。加塞振摇 1min，将塞子慢慢转动放出气体，再塞好，静置 15min，小心开塞，用石油醚-乙醚等量混合液冲洗塞子及筒口附着的脂肪。静置 10～20min，待上部液体清晰，吸出上层清液于已恒量的锥形瓶内，再加入 5mL 乙醚于具塞量筒内振摇，静置后仍将上层乙醚吸出，放入原锥形瓶内。

(3) 回收溶剂、烘干、称重　将锥形瓶置于水浴上蒸干，置 95～105℃烘箱中干燥 2h，取出放干燥器中冷却 30min 后称量，重复以上操作至恒重。

5. 结果计算

$$\omega=\frac{m_2-m_1}{m}\times 100\%$$

式中　ω——脂类质量分数，%；

m——样品质量，g；

m_1——空锥形瓶质量，g；

m_2——锥形瓶与样品脂类质量，g。

6. 说明

(1) 开始加入 8mL 水是为防止后面加盐酸时干试样固化，水解后加入乙醇可使蛋白质沉淀，降低表面张力，促进脂肪球聚合，同时溶解一些碳水化合物，如糖、有机酸等。后面用乙醚提取脂肪时因乙醇可溶于乙醚故需加入石油醚降低乙醇在醚中的溶解度，使乙醇溶解物残留在水层，使分层清晰。

（2）蒸干溶剂后残留物中若有黑色焦油状杂质，是分解物与水一同混入所致，会使测定值增大造成误差，可用等量的乙醚及石油醚溶解后，过滤，后将溶剂挥发干。

（3）若无分解液等杂质混入，通常干燥 2h 即可恒量。

四、氯仿-甲醇提取法

1. 原理

氯仿-甲醇提取法的原理是将试样分散于氯仿-甲醇混合液中，于水浴上轻微沸腾，氯仿-甲醇混合液与一定的水分形成提取脂类的有效溶剂，在使试样组织中结合态脂类游离出来的同时与磷脂等极性脂类的亲和性增大，从而有效地提取出全部脂类。再经过滤，除去非脂成分，然后回收溶剂，对于残留脂类要用石油醚提取，定量。

2. 适用范围

索氏提取法对包含在组织内部的脂肪等不能完全提取出来，酸分解法常使磷脂分解而损失。而在一定的水分存在下，极性的甲醇及非极性的氯仿混合溶液却能有效地提取结合态脂类，如脂蛋白、磷脂等，此法对于高水分生物试样如鲜鱼、蛋类等脂类的测定更为有效。

3. 仪器与试剂

（1）仪器

① 具塞三角瓶；

② 电热恒温水浴：50～100℃；

③ 提取装置；

④ 布氏漏斗：11G-3，过滤板直径 40mm，容量 60～100mL；

⑤ 具塞离心管；

⑥ 离心机：3000r/min。

（2）试剂

① 氯仿：97%（体积分数）以上；

② 甲醇：96%（体积分数）以上；

③ 氯仿甲醇混合液：按 2：1 体积比混合；

④ 石油醚；

⑤ 无水硫酸钠：以 120～135℃干燥 1～2h。

4. 操作步骤

（1）提取　准确称取均匀样品 5g 于具塞三角瓶内（高水分食品可加适量硅藻土使其分散），加入 60mL 氯仿-甲醇混合液（对于干燥食品，可加入 2～3mL 水）。连接提取装置，于 65℃水浴中，由轻微沸腾开始，加热 1h 进行提取。

（2）回收溶剂　提取结束后，取下烧瓶用布氏漏斗过滤，并用氯仿-甲醇混合液洗涤滤器，烧瓶及滤器中试样残渣，滤液、洗涤液一并收集于具塞三角瓶内，置 65～70℃水浴中回收溶剂，至烧瓶内物料呈浓稠态，而不能使其干，然后冷却。

（3）石油醚萃取、定量　用移液管加入 25mL 石油醚，然后加入 15g 无水硫酸钠，立即加塞混摇 1min，将醚层移入具塞离心沉淀管中进行离心分离（3000r/min）5min。用 10mL 移液管迅速吸取离心管中澄清的石油醚 10mL，于已称量至恒重的干燥称量瓶内，蒸发去除石油醚，于 100～105℃烘箱中烘至恒量（约 30min）。

5. 结果计算

$$\omega=\frac{(m_2-m_1)\times 2.5}{m}\times 100\%$$

式中：ω——脂类质量分数，%；

m——试样质量，g；

m_2——称量瓶与脂类质量，g；

m_1——称量瓶质量，g；

2.5——从25mL乙醇中取10mL进行干燥，故乘以系数2.5。

五、罗紫·哥特里法

分析方法参照GB 5413.3—2010《婴幼儿食品和乳品中脂肪的测定》第一法。

1. 原理

罗紫·哥特里法的原理是利用氨-乙醇溶液，破坏乳的胶体性状及脂肪球膜，使非脂成分溶解于氨-乙醇溶液中而脂肪游离出来，再用乙醚-石油醚提取出脂肪，蒸馏去除溶剂后，残留物即为乳脂。

2. 适用范围

此法为国际标准化组织（ISO），联合国粮农组织/世界卫生组织（FAO/WHO）等采用，为乳、炼乳、奶粉、奶油等脂类定量的国际标准法。它适用于各种液状乳（生乳、加工乳、部分脱脂乳、脱脂乳等）、各种炼乳、奶粉、奶油及冰激凌。除乳制品外，也适用于豆乳或加工成乳状的食品。

3. 仪器与试剂

（1）仪器　具塞量筒、锥形瓶、恒温水浴锅、恒温干燥箱、电子天平。

（2）试剂　250g/L氨水（相对密度0.91）；96%（体积分数）乙醇；乙醚：不含过氧化物；石油醚。

4. 操作步骤

（1）氨-乙醇处理　精确称取样品1～5g用10mL 60℃的水分次溶解于100mL具塞量筒中，加入1.25mL氨水，充分混匀，置于60℃的恒温水浴锅中加热5min，再振摇5min，加入10mL乙醇，加塞，充分摇匀。

（2）乙醚-石油醚提取　将具塞量筒于冷水中冷却后，加入25mL乙醚，加塞轻轻振荡摇匀，小心放出气体，再塞紧，剧烈振摇1min，小心放出气体并取下塞子，再加入25mL石油醚，加塞，剧烈振摇0.5min小心开塞放出气体，敞口静置30min。当上层液澄清时，从管口把上清液吸至已恒重的脂肪烧瓶中。用乙醚-石油醚（1∶1）混合液冲洗吸管、塞子上附着的脂肪，静置，待上层液体澄清，再用吸管将上清液吸至上述脂肪瓶中。重复提取具塞量筒中的残留液，重复两次，每次每种溶液用量为15mL。

（3）回收溶剂　最后合并提取液，回收乙醚及石油醚。将脂肪烧瓶放在水浴锅蒸干乙醚，然后将脂肪烧瓶置于100～105℃烘箱烘干至恒重，记录数据。

5. 结果计算

$$\omega=\frac{m_2-m_1}{m}\times 100\%$$

式中　ω——脂类质量分数，%；

m——试样质量，g；

m_1——脂肪烧瓶质量，g；

m_2——脂肪烧瓶与样品所含脂肪质量，g。

六、巴布科克法和盖勃法

分析方法 GB 5413.3—2010《婴幼儿食品和乳品中脂肪的测定》第二法。

1. 原理

用浓硫酸溶解乳中的乳糖和蛋白质等非脂成分，将牛奶中的酪蛋白钙盐转变成可溶性的重硫酸酪蛋白，使脂肪球膜被破坏，脂肪游离出来，再利用加热离心，使脂肪完全迅速分离，直接读取脂肪层的数值，便可知被测乳的含脂率。

2. 适应范围与特点

这两种方法都是测定乳脂肪的标准方法，适用于鲜乳及乳制品脂肪的测定。对含糖多的乳品（如甜炼乳、加糖乳粉等），采用此方法时糖易焦化，使结果误差较大，故不适宜。此法操作简便，迅速。对大多数样品来说测定精度可满足要求，但不如重量法准确。

3. 仪器与试剂

（1）仪器

① 巴布科克乳脂瓶　简称巴氏瓶，颈部刻度有 0.0～8.0%，0.0～10.0%两种，最小刻度值为 0.1%；

② 盖勃乳脂计　颈部刻度为 0.0～8.0%，最小刻度为 0.1%；

③ 乳脂离心机；

④ 盖勃离心机；

⑤ 标准移乳管。

（2）试剂

① 硫酸：相对密度 1.816±0.003（20℃），相当于 90%～91%硫酸；

② 异戊醇：相对密度 0.811±0.002（20℃），沸程 128～132℃。

4. 测定方法

精密吸取 17.6mL 样品，倒入巴布科克乳脂瓶中，再取 17.5mL 硫酸，沿瓶颈缓缓注入瓶中，将瓶颈回旋，使液体充分混合，至无凝块并呈均匀棕色。置乳脂离心机上，以约 1000r/min 的速度离心 5min，取出，加入 80℃以上的水至瓶颈基部，再置离心机中离心 2min，取出后再加入 80℃以上的水至脂肪浮到 2 或 3 刻度处，再置离心机中离心 1min，取出后置 55～60℃水中，5min 后立即读取脂肪层最高与最低点所占的格数，即为样品含脂肪的百分数。

5. 说明及讨论

① 硫酸的浓度要严格遵守规定的要求，如过浓会使乳炭化呈黑色溶液而影响读数；过稀则不能使酪蛋白完全溶解，会使测定值偏低或使脂肪层浑浊。

② 硫酸除可破坏脂肪球膜，使脂肪游离出来外，还可增加液体相对密度，使脂肪容易浮出。

③ 盖勃法中所用异戊醇的作用是促使脂肪析出，并能降低脂肪球的表面张力，以利于形成连续的脂肪层。

④ 加热（65～70℃水浴中）和离心的目的是促使脂肪离析。

⑤ 巴布科克法中采用 17.6mL 标准吸管取样，实际上注入巴氏瓶中的样品只有 17.5mL，牛乳的相对密度为 1.03，故样品质量为 17.5×1.03＝18g。巴氏瓶颈的刻度（0.0～10.0%）共 10 个大格，每大格容积为 0.2mL，在 60℃左右，脂肪的平均相对密度为 0.9，故当整个刻度部分充满脂肪时，其脂肪质量为 0.2×10×0.9＝1.8g。18g 样品中含有 1.8g 脂肪，即瓶颈全部刻度表示为脂肪含量 10%，每一大格代表 1%的脂肪。故瓶颈刻度读数即为样品中脂肪百分含量。

⑥ 每组样品只取两格乳脂瓶进行测定。放入离心机时，必须对称放置。

⑦ 硫酸的浓度和用量必须严格按照规定，沿瓶壁缓慢加入，回旋摇动，使充分混合，否则易使脂肪层产生黑色块粒。

任务工单七　食品中脂肪含量的测定

任务名称		学时	
学生姓名		班级	
实训场地		日期	
客户任务			
任务目的			

一、资讯

1. 索氏提取法提取脂肪主要是依据脂肪的______________________特性，用该法检验样品的脂肪含量前一定要对__________样品进行________的处理，才能得到较好的结果。
2. 用索氏提取法测定脂肪含量时，如果有水或醇存在，会使测定结果偏______（高或低或不变），这是因为_____________________。
3. 索氏提取法适用于脂类含量_____，结合态的脂类含量______________的样品的测定。
4. 测定花生仁中脂肪含量的常规分析方法是____________，测定牛奶中脂肪含量的常规方法是______________________。
5. 用乙醚提取脂肪时，所用的加热方法是______________________。
6. 脂肪测定中常选用的脂肪提取剂有哪些？这些提取剂各有什么特点，分别适合测定那些类型的样品。

7. 索氏提取法能测定出食品中包括游离态和结合态脂肪在内所有脂类的总量吗？简要说明索氏提取法测定脂肪的原理方法及其应该注意的问题。

二、决策与计划

请根据检验对象和检测任务，确定检验的标准方法和所需要的检测仪器、试剂，并对小组成员合理分工，制定详细的工作计划。

1. 采用的标准方法：

2. 需要的检测仪器、试剂、实验耗材：

3. 写出小组成员分工、实际工作的具体步骤，注意计划好先后次序：

三、实施

1. 样品：

2. 测定：

剪切线

3. 测量过程中把原始数据记录在下表中：

项目：　　　　　　　　　　　　　　　　　　　　　　　　　　日期：
样品：　　　　　　　　　　　　　　　　　　　　　　　　　　方法：

测定次数	1	2	3
接收瓶质量/g			
样品质量/g			
接收瓶＋脂肪的质量/g			

4. 脂肪含量的计算公式为＿＿＿＿＿＿＿＿。

5. 根据原始数据填写检验报告单：

检验报告单

编号：

样品名称		检验项目	
生产单位		检验依据	
生产日期及批号		检验日期	

检验结果：

结论：

四、检查

1. 根据考核标准，对整个实训过程中出现的问题进行总结。

2. 各组根据各自的检测对象不同，相互交流检验方法。

五、评估

1. 请根据自己任务的完成情况，对自己的工作进行自我评估，并提出改进建议。

2. 组内成员之间相互评估。

3. 教师对小组工作情况进行评估，并进行点评。

4. 学生本次完成任务得分：＿＿＿＿＿＿＿＿。

剪切线

任务八　食品中碳水化合物含量的测定

知识要求	技能要求	参考学时
• 了解碳水化合物、还原糖的概念和知识； • 了解还原糖的提取分离技术； • 了解测定食品中碳水化合物含量的意义； • 理解各类测定碳水化合物的方法； • 理解直接滴定法测定还原糖含量的原理； • 理解斐林试剂标定的原因； • 掌握直接滴定法测定还原糖含量的方法； • 掌握总糖的测定方法。	• 能正确配制葡萄糖标准溶液，碱性酒石酸铜溶液，并对碱性酒石酸铜溶液进行标定； • 能对不同的样品进行还原糖的提取和分离； • 会用直接滴定法测定食品中的还原糖含量； • 会测定食品中的总糖含量。	6

一、概述

1. 碳水化合物测定的意义

碳水化合物是大多数食品的重要组成成分，谷类食物和水果、蔬菜的主要成分就是碳水化合物。碳水化合物包括单糖、双糖和多糖。

① 在食品加工工艺中，糖类对食品的形态、组织结构、理化性质及其色、香、味等都有很大的影响。

② 糖类的含量还是食品营养价值高低的重要标志，也是某些食品重要的质量指标。因此，碳水化合物的测定是食品的主要分析项目之一。

2. 测定方法

（1）物理法　一般生产过程中进行监控，采用物理法较为方便。包括相对密度法、折射法和旋光法等。

（2）化学法　是一种广泛采用的常规分析法，它包括还原糖法（斐林试剂法、高锰酸钾法、铁氰酸钾法等），化学法测得的多为糖的总量，不能确定糖的种类及每种糖的含量。

二、还原糖的测定

分析方法参照GB/T 5009.7—2008《食品中还原糖的测定》第一法直接滴定法。

1. 原理

将一定量的碱性酒石酸铜甲液、碱性酒石酸铜乙液等量混合，立即生成天蓝色的氢氧化铜沉淀，这种沉淀很快与酒石酸钾钠反应，生成深蓝色的可溶性酒石酸钾钠铜配合物。在加热条件下，以亚甲基蓝作为指示剂，用样液滴定，样液中的还原糖与酒石酸钾钠铜反应，生成红色的氧化亚铜沉淀，待二价铜全部被还原后，稍过量的还原糖把亚甲基蓝还原，溶液由蓝色变为无色，即为滴定终点，根据样液消化体积计算还原糖含量。

2. 仪器与试剂

（1）仪器　电炉、酸式滴定管、容量瓶、锥形瓶、移液管。

（2）试剂

① 碱性酒石酸铜甲液　称取15g $CuSO_4 \cdot 5H_2O$ 和0.05g亚甲基蓝，加水定容

到1000mL。

② 碱性酒石酸铜乙液　称取50g酒石酸钾钠和75gNaOH溶于水中，加入4g亚铁氰化钾，溶解后用水稀释至1000mL，然后储存于橡皮塞玻璃瓶中。

③ 乙酸锌溶液　称取21.9乙酸锌，吸取3mL冰醋酸，加水溶解定容到100mL。

④ 10.6%亚铁氰化钾溶液　称取10.6g亚铁氰化钾，加水溶解定容到100mL。

⑤ 0.1%葡萄糖标准溶液　准确称取1.0000g干燥至恒重的无水葡萄糖，加水溶解后加入5mL盐酸，并用水稀释定容至1000mL。

3. 操作步骤

（1）斐林试剂的标定

① 不能根据反应式直接计算出还原糖含量，而是要用已知浓度的葡萄糖标准溶液标定的方法。

② 斐林试剂的标定：准确吸取碱性酒石酸铜甲液和乙液各5mL，置于250mL锥形瓶中，加水10mL，加玻璃珠3粒。从滴定管滴加约9mL葡萄糖标准溶液，加热使其在2min内沸腾，准确沸腾30s，趁热以每2秒钟1滴的速度滴加葡萄糖标准溶液，直至溶液蓝色刚好退去为终点。

记录消耗葡萄糖标准溶液的总体积。平行操作3次，取其平均值，计算每10mL碱性酒石酸铜溶液（5mL碱性酒石酸铜溶液甲液＋5mL碱性酒石酸铜溶液乙液）相当于葡萄糖的质量（mg）。

计算公式：

$$F=cV$$

式中　F——10mL碱性酒石酸铜溶液相当于葡萄糖的质量，mg；

c——葡萄糖标准溶液的浓度，mg/mL；

V——标定时消耗葡萄糖标准溶液的总体积，mL。

③ 操作注意事项

a. 影响测定结果的主要操作因素是反应液碱度、热源强度、煮沸时间和滴定速度。

b. 滴定时不能随意摇动锥形瓶，更不能把锥形瓶从热源上取下来滴定，以防空气进入反应液中。

c. 滴定必须在沸腾条件下进行，一是可以加快还原糖与Cu^{2+}的反应速度；二是亚甲基蓝变色反应是可逆的，还原型亚甲基蓝遇空气中氧时又会被氧化为氧化型。此外，氧化亚铜也极不稳定，易被空气中氧所氧化。保持反应液沸腾可防止空气进入，避免亚甲基蓝和氧化亚铜被氧化而增加耗糖量。

（2）样品测定

① 样品处理　对于乳类、乳制品及含蛋白质的饮料（雪糕、冰激凌、豆乳饮料等）：称取2.5～5g固体样品和或吸取25～50mL液体样液，置于250mL容量瓶中，加水50mL，摇匀后慢慢加入5mL乙酸锌及5mL亚铁氰化钾溶液，并加水至刻度，混匀，静置30min。过滤，弃去初滤液，收集续滤液备用。或加入20mL 200g/L乙酸铅，摇匀后放置10min，以沉淀蛋白质、有机酸、单宁、果胶及其它胶体，再加20mL 100g/L乙酸钠溶液，以除去过多的铅。

对于碳酸类饮料：称取约100g混匀的试样，精确至0.01g，置于蒸发皿中，在水浴上微热搅拌除去CO_2，移入250mL容量瓶中，并用水洗涤蒸发皿，洗液并入容量瓶，再加水至刻度，混匀后备用。

② 样品溶液预测　吸取碱性酒石酸铜甲液及乙液各 5.00mL，置于 250mL 锥形瓶中，加水 10mL。加玻璃珠 3 粒，加热使其在 2min 内至沸，准确沸腾 30s，趁热以先快后慢的速度从滴定管中滴加样品溶液，滴定时要始终保持溶液呈沸腾状态。待溶液蓝色变浅时，以每 2 秒钟 1 滴的速度滴定，直至溶液蓝色刚好退去为终点。记录样品溶液消耗的体积。

③ 样品溶液测定　吸取碱性酒石酸铜甲液及乙液各 5.00mL，置于 250mL 锥形瓶中，加玻璃珠 3 粒，从滴定管中加入比预测时样品溶液消耗总体积少 1mL 的样品溶液，加热使其在 2min 内沸腾，准确沸腾 30s，趁热以每 2 秒钟 1 滴的速度继续滴加样液，直至蓝色刚好退去为终点。记录消耗样品溶液的总体积。同法平行操作 3 份，取平均值。

4. 结果计算

$$\text{还原糖(以葡萄糖计,\%)}=\frac{F}{m\times\frac{V}{250}\times1000}\times100$$

式中　m——样品质量，g；

F——10mL 碱性酒石酸铜相当于葡萄糖的质量，mg；

V——测定时平均消耗样品溶液的体积，mL；

250——样品溶液的总体积，mL。

还原糖含量≥10g/100g 时，计算结果保留三位有效数字；还原糖含量<10g/100g，计算结果保留两位有效数字。

5. 说明与讨论

① 此法测得的是总还原糖量。

② 在样品处理时，不能用铜盐作为澄清剂，以免样液中引入 Cu^{2+}，得到错误的结果。

③ 碱性酒石酸铜甲液和乙液应分别储存，用时才混合，否则酒石酸钾钠铜配合物长期在碱性条件下会慢慢分解析出氧化亚铜沉淀，使试剂有效浓度降低。

④ 样品溶液预测的目的：一是本法对样品溶液中还原糖浓度有一定要求（0.1%左右），浓度过高或过低都会增加测定误差。通过预测可了解样品溶液浓度是否合适，浓度过大或过小应加以调整，使测定时样品溶液的消耗体积与标定葡萄糖标准溶液时消耗的体积相近，使预测时消耗样液量在 10mL 左右。通过样液预测，还可知道样液的大概消耗量，使正式测定时可预先加入大部分样液与碱性酒石酸铜溶液共沸，充分反应，仅留 1mL 左右样液在续滴定时加入，以保证在 1min 内完成，提高测定准确度。

三、总糖的测定

“总糖”，即要求测定食品中还原糖分与蔗糖分的总量。还原糖与蔗糖的总量俗称总糖量。蔗糖经水解生成等量的葡萄糖与果糖的混合物俗称转化糖。

测定总糖通常以还原糖的测定法为基础，将食品中的非还原性双糖，经酸水解成还原性单糖，再按还原糖测定法测定，测出以转化糖计的总糖量。

若需要单纯测定食品中蔗糖量，可分别测定样品水解前的还原糖量以及水解后的还原糖量，两者之差再乘以校正系数 0.95，即为蔗糖量。

在食品加工生产过程中，也常用相对密度法、折射法等简易的物理方法测定总糖量。

1. 原理

样品经处理除去蛋白质等杂质后，加入稀盐酸在加热条件下使蔗糖水解转化为还原糖，再以直接滴定法或高锰酸钾滴定法测定水解后的样品中的还原糖的总量。

2. 仪器

恒温水浴锅，其它同还原糖测定。

3. 试剂

（1）6mol/L 盐酸溶液。

（2）0.1%甲基红乙醇溶液。

（3）200g/L 氢氧化钠溶液。

（4）转化糖标准溶液：准确称取经 105℃干燥至恒重的纯蔗糖 1.9000g，用水溶解并移入 1000mL 容量瓶中，定容，混匀。吸取 50mL 置于 100mL 容量瓶中，加 6mol/L 盐酸溶液 5mL 在 68～70℃水浴中加热 15min，取出于流动水下迅速冷却至室温，加 2 滴甲基红指示剂，用 200g/L 氢氧化钠调到中性，加水定容，混匀。此溶液每毫升含转化糖 1mg。

按测还原糖方法标定并计算 10mL 酒石酸铜溶液相当于转化糖质量。

（5）其它试剂同还原糖测定。

4. 测定方法

（1）样品处理：按还原糖测定法中的直接滴定法或高锰酸钾法处理。

（2）水解：吸取样品液 50mL 置于 100mL 容量瓶，加入 5mL 6mol/L 盐酸溶液，置于 68～70℃水浴中加热 15min，迅速冷却至室温，加 2 滴甲基红指示剂，用 200g/L 氢氧化钠溶液调至中性，加水定容，混匀备用。

（3）测定：经（2）处理后的样液，按还原糖测定法中以直接滴定法或高锰酸钾滴定法操作。

5. 结果计算

$$\omega=\frac{m_1}{m\times\frac{50}{V_1}\times\frac{V_2}{100}\times1000}\times100\%$$

式中 ω——以转化糖计，总糖的质量分数，%；

m_1——直接滴定法中 10mL 碱性酒石酸铜相当于转化糖量，mg；或高锰酸钾法中查表得出相当的转化糖量，mg；

m——样品质量或体积，g 或 mL；

V_1——样品处理液总体积，mL；

V_2——测定总糖量取用水解液体积，mL。

任务工单八　食品中还原糖含量的测定

任务名称		学时	
学生姓名		班级	
实训场地		日期	
客户任务			
任务目的			

一、资讯

1. 用直接滴定法测定食品中还原糖含量时，所用的斐林标准溶液由两种溶液组成，分别是________和________，应单独储存，用时才混合；滴定时所用的指示剂是__________，掩蔽 Cu_2O 的试剂是________，滴定终点为__________。
2. 测定还原糖含量时，对提取液中含有的色素、蛋白质、可溶性果胶、淀粉、单宁等影响测定的杂质必须除去，常用的方法是____________，常用澄清剂有三种________________、________________、________________。
3. 用直接滴定法测定食品中还原糖含量时，影响测定结果的主要操作因素是______________、______________、______________、________________。
4. 食品中的总糖是指____。
5. ______________________测定是糖类的定量基础。
6. 直接滴定法测定牛乳中的糖分，可选用______________________作澄清剂。
7. 直接滴定法测定食品中还原糖含量时，为什么要对葡萄糖标准溶液进行标定？

8. 在标定斐林试剂和测定样品还原糖浓度时，都应进行预滴定，其目的是什么？

二、决策与计划

请根据检验对象和检测任务，确定检验的标准方法和所需要的检测仪器、试剂，并对小组成员合理分工，制定详细的工作计划。

1. 采用的标准方法：

2. 需要的检测仪器、试剂：

3. 写出小组成员分工、实际工作的具体步骤，注意计划好先后次序：

三、实施

1. 样品：

2. 样品的预处理：

剪切线

3. 测量过程中把原始数据记录在下表中：

项目：　　　　　　　　　　　　　　　　　　　日期：
样品：　　　　　　　　　　　　　　　　　　　方法：

测定次数	1	2	3
标定碱性酒石酸铜溶液所消耗的葡萄糖标准溶液的体积/mL			
F(10mL 碱性酒石酸铜相当于葡萄糖的质量)/mg			
测定时消耗样品溶液的量/mL			

4. 还原糖含量的计算公式为__________________。

5. 根据原始数据填写检验报告单：

检验报告单

编号：

样品名称		检验项目	
生产单位		检验依据	
生产日期及批号		检验日期	

检验结果：

结论：

四、检查

1. 根据考核标准，对整个实训过程中出现的问题进行总结。

2. 各组根据各自的检测对象不同，相互交流检验方法。

五、评估

1. 请根据自己任务的完成情况，对自己的工作进行自我评估，并提出改进建议。

2. 组内成员之间相互评估。

3. 教师对小组工作情况进行评估，并进行点评。

4. 学生本次完成任务得分：__________________。

剪切线

任务九　食品中蛋白质和氨基酸含量的测定

知识要求	技能要求	参考学时
• 了解测定食品中蛋白质含量的意义； • 了解蛋白质系数概念； • 理解凯氏定氮法测定蛋白质含量的原理； • 掌握常量、微量凯氏定氮法测定蛋白质含量的操作方法。	• 能安装凯氏定氮法测定蛋白质含量的消化、蒸馏吸收装置； • 会测定食品的蛋白质含量并依据相关标准判定食品的品质。	12

一、概述

1. 食品中蛋白质测定的意义

测定食品中蛋白质的含量，对于评价食品的营养价值、合理开发利用食品资源、提高产品质量、优化食品配方、指导经济核算及生产过程控制均具有极重要的意义。

2. 蛋白质系数

蛋白质系数：每份氮素相当于蛋白质的份数。

不同的蛋白质其氨基酸构成比例及方式不同，故各种不同的蛋白质其含氮量也不同。一般蛋白质含氮为16%，所以1份氮元素相当于6.25份蛋白质。用 F 表示。

不同种类食品的蛋白质系数有所不同，如玉米、荞麦、青豆、鸡蛋等为6.25，花生为5.46，大米为5.95，大豆及其制品为5.71，小麦粉为5.70，牛乳及其制品为6.38。

3. 蛋白质含量测定方法

凯氏定氮法是通过测出样品中的总含氮量再乘以相应的蛋白质系数而求出蛋白质的含量。由于样品中含有少量非蛋白质氮，用凯氏定氮法通过测总氮量来确定蛋白质含量，包含了核酸、生物碱、含氮类脂、卟啉以及含氮色素等非蛋白质含氮化合物，所以这样的测定结果称为粗蛋白。

二、凯氏定氮法

1. 微量凯氏定氮法

分析方法参照GB/T 5009.5—2010《食品中蛋白质的测定》第一法。

(1) 原理　样品与浓硫酸和催化剂一同加热消化，使蛋白质分解，其中碳和氢被氧化为二氧化碳和水逸出，而样品中的有机氮转化为氨与硫酸结合生成硫酸铵，然后加碱蒸馏，使氨蒸出，用硼酸吸收后以盐酸或硫酸标准溶液滴定，根据标准酸消耗量乘以换算系数，即为蛋白质的含量。

(2) 主要仪器　天平、微量凯氏定氮蒸馏装置、电炉、滴定管。

(3) 试剂

消化用：①浓硫酸；②硫酸钾；③硫酸铜；

蒸馏用：④40%氢氧化钠溶液；

吸收用：⑤4%硼酸；

滴定用：⑥0.0500mol/L HCl标准溶液；⑦0.1%甲基红乙醇溶液与0.1%溴甲酚绿乙

醇溶液混合指示剂；⑧0.1%甲基红乙醇溶液。

（4）操作步骤

① 样品消化　准确称取固体样品 0.2～2.0g，液体 10～20mL，置于定氮瓶中。加入硫酸铜 0.2g，硫酸钾 6g，浓硫酸 20mL，加入玻璃珠数粒以防蒸馏时暴沸，轻摇后瓶口放一小漏斗。

将瓶以 45°角斜置于电炉上。小火加热，待泡沫停止后，加大火力，保持微沸，至液体变蓝绿色并澄清透明，再继续加热 0.5～1h。取下冷却后，小心加入 20mL 水。放冷后移入 100mL 容量瓶，并用少量水洗定氮瓶，洗液并入容量瓶中，再加水至刻度，混匀备用。同时做试剂空白试验。

注意问题：

a. 加入样品不要黏附在凯氏烧瓶瓶颈；

b. 消化开始时不要用强火，要控制好热源，并注意不时转动凯氏烧瓶，以便利用冷凝酸液将附在瓶壁上的固体残渣洗下并促进其消化完全；

c. 样品中若含脂肪或糖较多，在消化前应加入少量辛醇或液体石蜡或硅油作消泡剂，以防消化过程中产生大量泡沫；

d. 消化完全后要冷至室温才能稀释或定容。所用试剂溶液应用无氨蒸馏水配制。

② 蒸馏装置的安装　按图 9-1 安装好定氮蒸馏装置，向水蒸气发生器内装水至 2/3 处，加入数粒玻璃珠，加甲基红乙醇溶液数滴及数毫升硫酸，以保持水呈酸性，加热煮沸水蒸气发生器的水并保持沸腾。

安装要求：

a. 安装的装置应整齐美观、协调，仪器各部件应在同一平面内平行或垂直；

b. 不能漏气。

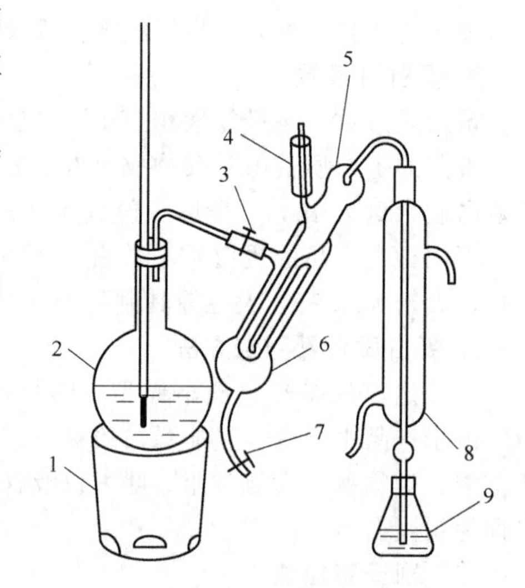

图 9-1　定氮蒸馏装置图

1—电炉；2—水蒸气发生器（2L 烧瓶）；3—螺旋夹；4—小玻杯及棒状玻塞；5—反应室；6—反应室外层；7—橡皮管及螺旋夹；8—冷凝管；9—蒸馏液接收瓶。

③ 蒸馏、吸收　向接收瓶内加入 10mL 4%硼酸溶液和 1～2 滴混合指示剂，连接好装置后，塞紧瓶口，冷凝管的下端插入吸收瓶液面下。根据试样中氮含量，准确吸取 2.00～10.00mL 试样处理液由小玻杯注入反应室，以 10mL 水洗涤小玻杯并使之流入反应室内，随后塞紧棒状玻塞。将 10.0mL 氢氧化钠溶液倒入小玻杯，提起玻塞使其缓缓流入反应室，立即将玻塞盖紧，并加水于小玻杯以防漏气。夹紧夹子，开始蒸馏。蒸馏 10min 后移动蒸馏液接收瓶，液面离开冷凝管下端，再蒸馏 1min。然后用少量水冲洗冷凝管下端外部，取下蒸馏液接收瓶。

注意问题：

a. 要注意控制热源使蒸汽产生稳定，不能时猛时弱，以免吸收液倒吸；

b. 蒸馏前加碱量应使消化液呈深蓝色或产生黑色沉淀；

c. 冷凝管下端先插入硼酸吸收液液面以下才能蒸馏；

d. 吸收液温度不应超过 40℃，若超过时可置于冷水浴中使用；

e. 蒸馏完毕后，应先将冷凝管下端提离液面清洗管口，再蒸 1min 后检查。

④ 滴定　将上述吸收液用 0.0500mol/L 盐酸标准溶液直接滴定至蓝色变为微红色即为终点，记录盐酸消耗量，同时作试剂空白，记录空白消耗盐酸标准溶液的体积。

（5）计算

$$X=\frac{(V_1-V_2)c\times 0.0140}{m\times\frac{V_3}{100}}\times F\times 100$$

式中　X——样品中蛋白质的含量，g/100g；

V_1——样品消耗硫酸或盐酸标准液的体积，mL；

V_2——试剂空白消耗硫酸或盐酸标准溶液的体积，mL；

V_3——吸取消化液的体积，mL；

c——硫酸或盐酸标准溶液的浓度；

0.0140——1N 硫酸或盐酸标准溶液 1mL 相当于氮的质量，g；

m——样品的质量（体积），g（mL）；

F——氮换算为蛋白质的系数。一般食物为 6.25，乳制品为 6.38，面粉为 5.70，玉米、高粱 6.24，花生为 5.46，大米为 5.95，大豆及其粗加工制品为 5.71、大豆蛋白制品为 6.25，肉与肉制品为 6.25，大麦、小米、燕麦、裸麦为 5.83，芝麻、向日葵为 5.30，复合配方食品为 6.25。

蛋白质含量≥1g/100g 时，结果保留三位有效数字；蛋白质含量＜1g/100g 时，结果保留两位有效数字。

2. 常量凯氏定氮法

（1）原理　与微量凯氏定氮法相同。

（2）主要仪器　500mL 凯氏烧瓶、常量凯氏定氮装置。

（3）试剂　滴定用 0.100mol/L HCl 标准溶液，其它同微量法。

（4）操作步骤

① 样品消化　准确称取固体样品 0.2～2.0g，液体 10～20mL，置于 500mL 凯氏烧瓶中。加入硫酸铜 0.5g，硫酸钾 10g，浓硫酸 20mL，摇匀。

置于电炉上，成 45°角，小火加热。待泡沫停止后，加大火力，保持微沸，至液体变蓝绿色透明，再继续加热 0.5～1h，取下冷却后，小心加入 200mL 水，再放冷，加入玻璃珠数粒以防蒸馏时暴沸。

② 蒸馏装置的安装。

③ 蒸馏、吸收　连接好装置后，塞紧瓶口，冷凝管的下端插入吸收瓶液面下（瓶中有 50mL 4%硼酸和 3～4 滴混合指示剂）。放松夹子，加入 70～80mL 氢氧化钠溶液，至瓶中溶液变为深蓝色或产生黑色沉淀，再加入 100mL 蒸馏水，夹紧夹子，加热蒸馏，至氨全部蒸出（250mL）即可，将冷凝管下端提离液面，用蒸馏水冲洗管口，继续蒸馏 1min。

④ 滴定　将上述吸收液用 0.100mol/L 盐酸标准溶液直接滴定至蓝色变为微红色即为终点，记录盐酸用量，同时做一试剂空白（除不加样品外，从消化开始操作完全相同），记录空白消耗盐酸标准溶液的体积。

（5）计算

$$X=\frac{(V_1-V_2)N\times 0.014}{m}\times F\times 100$$

式中　X——样品中蛋白质的含量，%；

V_1——样品消耗硫酸或盐酸标准液的体积，mL；

V_2——试剂空白消耗硫酸或盐酸标准溶液的体积，mL；

N——硫酸或盐酸标准溶液的当量浓度；

0.014——1N 硫酸或盐酸标准溶液 1mL 相当于氮的质量，g；

m——样品的质量（体积），g（mL）；

F——氮换算为蛋白质的系数。

三、氨基酸态氮的测定

氨基酸态氮：与测定蛋白质相比，氨基酸中的氮可以直接测定。氨基酸中的氮含量称为氨基酸态氮。

测定方法：双指示剂甲醛滴定法、电位滴定法、茚三酮比色法。下文以电位滴定法为例测定氨基酸态氮。

分析方法参照 GB/T 5009.39—2003《酱油卫生标准的分析方法》。

（1）原理　利用氨基酸的两性作用，加入甲醛以固定氨基的碱性，使羧基显示出酸性，将酸度计的玻璃电极及甘汞电极（或复合电极）插入被测液中构成电池，用氢氧化钠标准溶液滴定，根据酸度计指示的 pH 值判断和控制滴定终点。

（2）仪器与试剂

① 仪器　酸度计，磁力搅拌器，微量滴定管。

② 试剂　pH6.18 标准缓冲溶液；20%中性甲醛溶液；0.05mol/L NaOH 标准溶液。

（3）测定操作

① 样品处理　吸取样品液 5mL，置于 100mL 容量瓶中，加水定容至刻度。混匀后吸取定容液 20.00mL 于 200mL 烧杯中，加水 60mL，放入磁力转子，开动磁力搅拌器使转速适当。用标准缓冲液校正好酸度计，然后将电极清洗干净，再插入到上述样品液中，用 NaOH 标准溶液滴定至酸度计指示 pH8.2，记下消耗的 NaOH 溶液体积，可计算总酸含量。

② 氨基酸的滴定　在上述滴定至 pH8.2 的溶液中加入 10.0mL 的中性甲醛溶液，混匀，再用 NaOH 标准溶液滴定至 pH9.2，记下消耗的 NaOH 标准溶液体积。

③ 空白滴定　吸取 80mL 蒸馏水于 200mL 的烧杯中，用 NaOH 标准溶液滴定至 pH8.2，然后加入 10.00mL 中性甲醛溶液，再用 NaOH 标准溶液滴定至 pH9.2，记下加入甲醛后消耗的 NaOH 溶液体积。

操作说明：第一次滴定是除去其它游离酸，所消耗的 NaOH 溶液体积不用于计算。第二步滴定才是测定氨基酸，用消耗的 NaOH 溶液体积进行计算。

（4）结果计算

$$\text{氨基酸态氮}(\%)=\frac{(V_1-V_2)c\times 0.014}{m\times\frac{20}{100}}\times 100$$

式中　V_1——测定用试样稀释液加入甲醛后消耗 NaOH 标准溶液的体积，mL；

V_2——试剂空白试验加入甲醛后消耗 NaOH 标准溶液的体积，mL；

c——NaOH 标准滴定溶液的浓度，mol/L；

m——吸取的酱油的质量或体积，g 或 mL；

0.014——与 1mL 氢氧化钠标准滴定溶液［c(NaOH)＝1.000mol/L］相当的氮的质量，g；

20——试样稀释液取用量，mL。

计算结果保留两位有效数字。

任务工单九　食品中蛋白质含量的测定

任务名称		学时	
学生姓名		班级	
实训场地		日期	
客户任务			
任务目的			

一、资讯

1. 凯氏定氮法共分四个步骤__________、__________、________、_________。
2. 消化时还可加入__________________、__________________助氧化剂。
3. 消化加热应注意，含糖或脂肪多的样品应加入__________________作消泡剂。
4. 消化完毕时，溶液应呈________________颜色。
5. 凯氏定氮法加碱进行蒸馏时，加入 NaOH 后溶液呈________________色。
6. 凯氏定氮法用盐酸标准溶液滴定吸收液，溶液由________变为________色。
7. 双缩脲法的适用范围是____。
8. 双指示剂法测氨基酸总量，所用的指示剂是________。此法适用于测定食品中______氨基酸。若样品颜色较深，可用________处理或用________方法测定。
9. 凯氏定氮法加入 $CuSO_4$ 的目的是________________、__________________、______________；加入 K_2SO_4 的目的是__________________。
10. 蒸馏完毕后，先把______________________，再停止加热蒸馏，防止倒吸。
11. 配制无氨蒸馏水应加入__________________、__________________来制备。
12. 凯氏定氮法释放出的氨可采用______________或______________作吸收液。
13. 请叙述测定黄豆中蛋白质含量的样品消化操作步骤？

14. 测定食品中蛋白质含量的意义是什么？

二、决策与计划

请根据检验对象和检测任务，确定检验的标准方法和所需要的检测仪器、试剂，并对小组成员合理分工，制定详细的工作计划。

1. 采用的标准方法：

2. 需要的检测仪器、试剂：

3. 写出小组成员分工、实际工作的具体步骤，注意计划好先后次序：

三、实施

1. 样品的质量应在______________________范围。
2. 消化时需加入________________、________________、________________。
3. 消化结束后需要____。

4. 蒸馏时采用的方式是______________________________。
5. 蒸馏至______________________________结束。
6. 测量过程中把原始数据记录在下表中。

项目：　　　　　　　　　　　　　　　　　　　　　日期：
样品：　　　　　　　　　　　　　　　　　　　　　方法：

测定次数	1	2	3
测定时盐酸标准溶液的浓度/(mol/L)			
样品的质量/g			
滴定样品溶液所消耗的盐酸标准溶液的体积/mL			
滴定空白溶液所消耗的盐酸标准溶液的体积/mL			

7. 蒸白质含量的计算公式为____________________。
8. 根据原始数据填写检验报告单：

检验报告单

编号：

样品名称		检验项目	
生产单位		检验依据	
生产日期及批号		检验日期	

检验结果：

结论：

四、检查

1. 根据考核标准，对整个实训过程中出现的问题进行总结。

2. 各组根据各自的检测对象不同，相互交流检验方法。

五、评估

1. 请根据自己任务的完成情况，对自己的工作进行自我评估，并提出改进建议。

2. 组内成员之间相互评估。

3. 教师对小组工作情况进行评估，并进行点评。

4. 学生本次完成任务得分：____________________。

剪切线

任务十　食品中维生素含量的测定

知识要求	技能要求	参考学时
• 了解测定食品中维生素 C 含量的意义； • 了解维生素 C 的理化性质； • 掌握测定食品中维生素 C 的方法； • 理解 2,6-二氯靛酚滴定法、2,4-二硝基苯肼比色法测定维生素 C 的原理； • 掌握 2,6-二氯靛酚滴定法测定维生素 C 的操作方法。	• 会配制维生素 C 标准溶液； • 会对 2,6-二氯靛酚溶液进行标定； • 能用 2,6-二氯靛酚滴定法测定食品中的维生素 C 含量。	6

一、概述

1. 维生素的定义

维生素是维持人体正常生命活动所必需的一类天然有机化合物，其种类很多，目前已确认的有 30 余种，其中被认为对维持人体健康和促进发育至关重要的有 20 余种。这些维生素结构复杂，理化性质及生理功能各异，有的属于醇类，有的属于胺类，有的属于酯类，还有的属于酚或醌类化合物。

2. 维生素的测定意义

评价食品的营养价值；开发利用富含维生素的食品资源；指导人们合理调整膳食结构，防止维生素缺乏症；研究维生素在食品加工、储存等过程中的稳定性，指导制定合理的生产工艺条件及储存条件，最大限度地保留各种维生素；监督维生素强化食品的强化剂量，防止维生素摄入过多引起中毒。

3. 维生素的分类

脂溶性维生素（A、D、E、K）和水溶性维生素两类（B 族维生素、维生素 C）

二、脂溶性维生素的测定

维生素 A、维生素 D、维生素 E、维生素 K 与类脂物一起存于食物中，摄食时可吸收，可在体内积贮。下文以维生素 A、维生素 E 为例讲述其测定方法。

维生素 A 存在于动物性脂肪中，主要来源于肝脏、鱼肝油、蛋类、乳类等动物性食品中。植物性食品中不含维生素 A，但在深色果蔬中含有胡萝卜素，它在人体内可转变为维生素 A，故称为维生素 A 原。

维生素 E 主要存在果蔬、坚果、瘦肉、乳类、蛋类、压榨植物油等食物中。果蔬包括猕猴桃、菠菜、卷心菜、菜花、羽衣甘蓝、莴苣、甘薯、山药。坚果包括杏仁、榛子和胡桃。压榨植物油包括向日葵籽、芝麻、玉米、橄榄、花生、山茶等。此外，红花、大豆、棉籽、小麦胚芽、鱼肝油都有一定含量的维生素 E，含量最为丰富的是小麦胚芽。

1. 高效液相色谱法（HPLC）测定食品中维生素 A、维生素 E

分析方法参照 GB/T 5009.82—2003《食品中维生素 A 和维生素 E 的测定》第一法高效液相色谱法。

高效液相色谱法测定维生素 A 是近几年发展起来的方法，此法能快速分离、同时测定维生素 A 和维生素 E。

最小检出量分别为维生素 A：0.8ng；α 维生素 E：91.8ng；γ 维生素 E：36.6ng；δ 维生素 E：20.6ng。

(1) 原理　试样中的维生素 A 及维生素 E 经皂化提取处理后，将其从不可皂化部分提取至有机溶剂中。用 HPLC 法测定维生素 A 及维生素 E 的含量。

(2) 试剂　无水乙醚、无水乙醇、无水硫酸钠、10%抗坏血酸溶液、维生素 A 标准溶液、维生素 E 标准溶液、内标溶液等。

(3) 仪器　高效液相色谱仪、恒温水浴锅、紫外分光光度计等。

(4) 分析步骤

① 皂化　称取 1～10g 样品（含维生素 A 约 3μg）于皂化瓶中，加 30mL 无水乙醇，进行搅拌，直到颗粒物分散均匀为止。加 5mL 10%抗坏血酸，苯并 [a] 芘标准液 2.00mL，混匀。加 10mL 氢氧化钾（1∶1），混匀。于沸水浴上回流 30min 使皂化完全。皂化后立即于冰水中冷却。

② 提取　将皂化后的样品移入分液漏斗中，用 50mL 水分 2～3 次洗皂化瓶，洗液并入分液漏斗中。用约 100mL 乙醚分两次洗皂化瓶及其残渣，乙醚液并入分液漏斗中。如有残渣，可将此液通过有少许脱脂棉的漏斗滤入分液漏斗。轻轻振摇分液漏斗 2min，静置分层，弃去水层。

③ 洗涤　用约 50mL 水洗分液漏斗中的乙醚层，水洗至水层不显碱性，（最初水洗轻摇，逐次振摇强度可增加）。

④ 浓缩　将乙醚提取液经过无水硫酸钠（约 5g）滤入与球形蒸发瓶内，用约 100mL 乙醚冲洗分液漏斗及无水硫酸钠 3 次，并入蒸发瓶内，并将其接至旋转蒸发器上，于 55℃水浴中减压蒸馏并回收乙醚，待瓶中剩下约 2mL 乙醚时，取下蒸发瓶，立即用氮气吹掉乙醚。加入 2.00mL 乙醇，充分混合，溶解提取物。将乙醇液移入一小塑料离心管中，5000r/min 离心 5min。上清液供色谱分析。

⑤ 标准曲线的制备　将维生素 A 和维生素 E 标准品配置成标准溶液（约 1mg/mL），制备标准曲线前用紫外分光光度法标定其准确浓度。

标准和内标物进行色谱分析，以维生素峰面积与内标物峰面积之比为纵坐标，维生素浓度为横坐标绘制标准曲线。

⑥ 高效液相色谱分析　色谱条件如下。

预柱：Ultrasphere ODS 10μm，4mm×4.5cm；

分析柱：Ultrasphere ODS 5μm，4.6mm×25cm；

流动相：甲醇∶水＝98∶2，混匀，于临用前脱气；

紫外检测器波长：300nm；

进样量：20μL；

流速：1.7mL/min。

⑦ 试样分析　取试样浓缩液 20μL，待绘制出色谱图及色谱参数，再进行定性和定量。

a. 定性　用标准物色谱峰的保留时间定性。

b. 定量　根据色谱图求出某种维生素峰面积与内标物峰面积的比值，以此值在标准曲线上查到此含量。

⑧ 计算

$$X=\frac{cV}{m}\times\frac{100}{1000}$$

式中 X——维生素的含量，mg/100g；

c——由标准曲线上查到某种维生素含量，μg/mL；

V——试样浓缩定容体积，mL；

m——试样质量，g。

计算结果表示到三位有效数字。

(5) 注意事项

① 维生素 A 极易被破坏，实验操作应在微弱光线下进行，或用棕色玻璃仪器。

② 在皂化过程中，应每 5 分钟摇一下皂化瓶，使样品皂化完全。

③ 提取过程中，振摇不应太剧烈，避免溶液乳化而不易分层。

④ 洗涤时，最初水洗轻摇，逐次振摇强度可增加。

⑤ 无水硫酸钠如有结块，应烘干后使用。

⑥ 在旋转蒸发时乙醚溶液不应蒸干，以免被测样品含量损失。

⑦ 用高纯氮吹干时，氮气不能开的太大，避免样品吹出瓶外结果偏低。

2. 比色法测定维生素 A 的含量

参照 GB/T 5009.82—2003《食品中维生素 A 和维生素 E 的测定》第二法比色法。

(1) 原理　在氯仿溶液中，维生素 A 与三氯化锑可生成蓝色可溶性配合物，在 620nm 波长处有最大吸收峰，其吸光度与维生素 A 的含量在一定的范围内成正比，故可比色测定。

(2) 适用范围及特点　本法适用于维生素 A 含量较高的各种样品（高于 5～10μg/g），对低含量样品，因受其它脂溶性物质的干扰，不易比色测定。

该法的主要缺点是生成的蓝色配合物的稳定性差。比色测定必须在 6s 内完成，否则蓝色会迅速消退，将造成极大误差。

(3) 试剂　无水硫酸钠、乙醚、无水乙醇、三氯甲烷、维生素 A 标准液等。

(4) 仪器　分光光度计、回流冷凝装置等。

(5) 操作步骤

① 试样处理　可采用皂化法或研磨法。

② 标准曲线的绘制　用标准的维生素 A 溶液进行绘制。

③ 样品的测定　将处理好的样品溶液加入三氯甲烷进行吸光度测定。

(6) 计算

$$X=\frac{CV}{m}\times\frac{100}{1000}$$

式中 X——试样中维生素 A 的含量，mg/100g；

C——由标准曲线上查得维生素 A 含量，μg/mL；

V——提取后加三氯甲烷定容的体积，mL；

m——试样质量，g。

计算结果保留三位有效数字。

(7) 注意事项

① $SbCl_3$ 遇水沉淀，所以 $CHCl_3$ 不应含水，加乙酸酐少许可脱水。

② 维生素 A 见光分解，应在暗处操作。

③ 若样品含胡萝卜素，应消除干扰。

④ 三氯化锑腐蚀性强，不能沾在手上，因此用过的仪器要先用稀盐酸浸泡后再清洗。

三、水溶性维生素的测定

水溶性维生素 B_1、维生素 B_2 和维生素 C，广泛存在于动植物组织中，饮食来源充足。但是由于它们本身的水溶性质，除满足人体生理、生化作用外，任何多余量都会从小便中排出。为避免耗尽，需要经常由饮食来提供。

1. 水溶性维生素的性质

水溶性维生素都易溶于水，而不溶于苯、乙醚、氯仿等大多数有机溶剂。在酸性介质中很稳定，即使加热也不破坏；但在碱性介质中不稳定，易于分解，特别在碱性条件下加热，可大部分或全部破坏。它们易受空气、光、热、酶、金属离子等的影响；维生素 B_2 对光，特别是紫外线敏感，易被光线破坏；维生素 C 对氧、铜离子敏感，易被氧化。

2. 维生素 C 的测定

维生素 C 是一种己糖醛基酸，有抗坏血病的作用，所以又称作抗坏血酸。维生素 C 广泛存在于植物组织中，新鲜的水果、蔬菜，特别是枣、辣椒、苦瓜、柿子叶、猕猴桃、柑橘等食品中含量尤丰富。

维生素 C 具有较强的还原性，对光敏感，氧化后的产物称为脱氢抗坏血酸，仍然具有生理活性。进一步水解则生成 2,3-二酮古乐糖酸，失去生理作用。

根据它具有的还原性质可以测定维生素 C 的含量。常用的测定方法有 2,6-二氯靛酚法（还原型维生素 C）、2,4-二硝基苯肼法（总维生素 C）、碘酸法、碘量法、荧光分光光度法。

（1）2,6-二氯靛酚滴定法　分析方法参照 GB/T 6195—86《水果、蔬菜维生素 C 含量测定法》。

① 原理　还原型抗坏血酸可以还原染料 2，6-二氯靛酚。该染料在酸性溶液中呈粉红色（在中性或碱性溶液中呈蓝色），被还原后颜色消失。还原型抗坏血酸还原染料后，本身被氧化成脱氢抗坏血酸。在没有杂质干扰时，一定量的样品提取液还原标准染料液的量与样品中抗坏血酸含量成正比。

② 试剂

a. 1%草酸溶液　称取 10g 草酸，加水至 1000mL。

b. 2%草酸溶液　称 20g 草酸，加水至 1000mL。

c. 维生素 C 标准液　准确称 20mg 维生素 C 溶于 1%草酸中，并稀释至 100mL，吸 5mL 于 50mL 容量瓶中，加入 1%草酸至刻度，此溶液每毫升含有 0.02mg 维生素 C。

d. 0.02% 2,6-二氯靛酚溶液　称取 2,6-二氯靛酚 50mg，溶于 200mL 含有 52mg 碳酸氢钠的热水中，冷却后，稀释至 250mL，过滤于棕色瓶中，储存于冰箱内，应用过程中每星期标定一次。

标定一：吸标液（维生素 C）5mL 于三角瓶→加 6%KI 溶液 0.5mL→加 1%淀粉 3 滴→用 0.001mol/L KIO_3 标液滴定到淡蓝色。

计算：

$$\text{抗坏血酸浓度(mg/mL)}=\frac{V_1\times 0.088}{V_2}$$

式中　V_1——滴定时消耗 0.001mol/L KIO_3 标液的体积，mL；

　　V_2——维生素 C 体积，mL；

0.088——1mL 0.001mol/L KIO_3 标液相当于维生素 C 的量，mg。

标定二：吸 5mL 已知浓度维生素 C 标液→加 5mL 1%草酸→用染料 2,6-二氯靛酚滴定至溶液呈粉红色，在 15s 不退色为终点。

计算：每毫升 2,6-二氯靛酚相当于维生素 C 的质量（mg）等于滴定度（T）。

$$T=\frac{cV_1}{V_2}$$

式中　c——维生素 C 的浓度，mg/mL；

　V_1——维生素 C 的体积，mL；

　V_2——消耗 2,6-二氯靛酚的体积，mL。

③ 样品测定

a. 提取　称样 50g→加 2%草酸 100mL→入捣碎机中处理→过滤→颜色若深可加白陶土脱色。

b. 滴定　吸 5mL 样液→于三角瓶→用染料滴定至粉红色→15s 内不退色。

④ 计算

$$\text{维生素 C 含量(mg/100g)}=\frac{(V_1-V_2)T}{m}\times 100$$

式中　V_1——样品滴定所消耗 2,6-二氯靛酚染料溶液的量，mL；

　　V_2——空白滴定所消耗 2，6-二氯靛酚染料溶液的量，mL；

　　T——1mL 2,6-二氯靛酚燃料溶液相当于抗坏血酸标准溶液的质量，mg；

　　m——滴定时所取的滤液中含样品的量，g。

⑤ 注意事项

a. 所有试剂的配制最好都用重蒸馏水。

b. 滴定时，可同时吸两份样品。一份滴定，另一份作为观察颜色变化的参考。

c. 样品进入实验室后，应浸泡在已知量的 2%草酸液中，以防氧化损失维生素 C。

d. 储存过久的罐头食品，可能含有大量的亚铁离子（Fe^{2+}），要用 8%的乙酸代替 2%草酸。这时如用草酸，亚铁离子可以还原 2，6-二氯靛酚，使测定数字增高，使用乙酸可以避免这种情况的发生。

e. 整个操作过程中要迅速，避免还原型抗坏血酸被氧化。

f. 在处理各种样品时，如遇有泡沫产生，可加入数滴辛醇消除。

g. 测定样液时，需做空白对照，样液滴定体积扣除空白体积。

（2）2,4-二硝基苯肼比色法　分析方法参照 GB/T 5009.86—2003《蔬菜、水果及其制品中总抗坏血酸的测定》第二法 2,4-二硝基苯肼比色法。

此法可测总抗坏血酸。

① 原理　总抗坏血酸包括还原型、脱氢型和二酮古乐糖酸。试样中还原型抗坏血酸经活性炭氧化为脱氢型抗坏血酸，再与 2,4-二硝基苯肼作用，生成红色的脎。根据脎在硫酸溶液中的含量与抗坏血酸含量成正比，进行比色定量。

② 试剂

a. 4.5mol/L 硫酸；

b. 85%硫酸；

c. 20g/L 2,4-二硝基苯肼溶液；

d. 20g/L 草酸溶液和 10g/L 草酸溶液；

e. 20g/L 硫脲溶液和 10g/L 硫脲溶液；

f. 1mol/L 盐酸；

g. 1mg/mL 抗坏血酸标准溶液。

③ 仪器　恒温水浴锅，可见-紫外分光光度计。

④ 分析步骤

a. 试样制备

鲜样的制备：称取 100g 鲜样及吸取 100mL 20g/L 草酸溶液，倒入捣碎机打成匀浆，取 10～40g 匀浆（含 1～2mg 抗坏血酸）倒入 100mL 容量瓶中，用 10g/L 草酸溶液稀释至刻度，混匀，过滤，滤液备用。

干样的制备：称取 1～4g 干样（含 1～2mg 抗坏血酸）放入研钵中，加入 10g/L 草酸溶液研磨成浆，倒入 100mL 容量瓶中，用 10g/L 草酸溶液稀释至刻度，混匀，过滤，滤液备用。

b. 氧化处理　取 25mL 上述滤液，加入 2g 活性炭，振摇 1min 过滤，弃去最初数体积数（mL）的初滤液。取 10mL 此氧化处理液，加入 10mL 10g/L 硫脲溶液，混匀，此样液为稀释液。

c. 呈色反应　于 3 只试管中各加入 4mL 稀释液，一个试管作空白，在其余试管中各加入 1.0mL 20g/L 2,4-二硝基苯肼溶液，将所有试管放入（37±0.5)℃水浴中，保温 3h。取出后，除空白管外，将所有试管放入冰水中。空白管取出后使其冷到室温，然后加入 1.0mL 20g/L 2,4-二硝基苯肼溶液，在室温中放置 10～15min 后放入冰水中。

d. 85%硫酸处理　当试管放入冰水后，向每一试管中加入 5mL 85%硫酸，滴加时间至少需要 1min，边加边摇。将试管从冰水中取出，在室温放置 30min 后比色。

e. 比色　用 1cm 比色杯，以空白液调零点，于 500nm 波长测吸光值。

f. 标准曲线绘制　加 2g 活性炭于 50mL 标准溶液中，振动 1min，过滤。取 10mL 滤液放入 500mL 容量瓶中，加 5.0g 硫脲，用 10g/L 草酸溶液稀释至刻度，抗坏血酸浓度 20μg/mL。取 5mL、10mL、20mL、25mL、40mL、50mL、60mL 稀释液，分别放入 7 个 100mL 容量瓶中，用 10g/L 硫脲溶液稀释至刻度，使最后稀释液中抗坏血酸的浓度（μg/mL）分别为 1、2、4、5、8、10、12。按试样测定步骤形成脎并比色。以吸光值为纵坐标、抗坏血酸浓度（μg/mL）为横坐标绘制标准曲线。

g. 结果计算

$$X=\frac{cV}{m}\times F\times\frac{100}{1000}$$

式中　X——试样中总抗坏血酸含量，mg/100g；

c——由标准曲线查得总抗坏血酸的浓度，μg/mL；

V——试样用 10g/L 草酸溶液定容的体积，mL；

F——试样氧化处理过程中的稀释倍数；

m——试样的质量，g。

计算结果表示到小数点后两位。

3. 维生素 B_1 的测定

维生素 B_1 又名硫胺素、抗神经炎素，通常以游离态或以焦磷酸酯形式存在于自然界。在酵母、米糠、麦胚、花生、黄豆以及绿色蔬菜和牛乳、蛋黄中含量较为丰富。

分析方法参照 GB/T 5009.84—2003《食品中硫胺素（维生素 B_1）的测定》荧光计法，此法检出限为 0.05μg。

(1) 原理　硫胺素在碱性铁氰化钾溶液中被氧化成硫色素（噻嘧色素），在紫外线照射下，硫色素发出荧光。在给定的条件下，以及没有其它荧光物质干扰时，此荧光强度与硫色素量成正比，即与溶液中硫胺素量成正比，从而测定其含量。

(2) 试剂　正丁醇、无水硫酸钠、硫胺素标准使用液、25%氯化钾溶液等。

(3) 仪器　电热恒温培养箱、荧光分光光度计、盐基交换管等。

(4) 分析步骤

① 提取

a. 精确称取一定量试样 2～10g（硫胺素含量约为 10～30μg），置于 100mL 三角瓶中，加入 50mL 0.1mol/L 或 0.3mol/L 盐酸使其溶解，放入高压锅中加热水解，121℃ 30min，放凉后取出。

b. 用 2mol/L 乙酸钠调其 pH 值为 4.5（以 0.04%溴甲酚绿为外指示剂）。

c. 按每克试样加入 20mg 淀粉酶和 40mg 蛋白酶的比例加入淀粉酶和蛋白酶。于 45～50℃温箱过夜保温（约 16h）。

d. 凉至室温，定容至 100mL，然后混匀过滤，即为提取液。

② 净化

a. 用少许脱脂棉铺于盐基交换管的交换柱的底部，加水将棉纤维中气泡排出，再加约 1g 活性人造浮石使之达到交换柱 1/3 的高度。保持盐基交换管中液面始终高于活性人造浮石。

b. 用移液管加入提取液 20～60mL（使通过活性人造浮石的硫胺素总量约为 2～5μg）。

c. 加入约 10mL 热蒸馏水冲洗交换柱，弃去洗液。如此重复 3 次。

d. 加入 25%酸性氯化钾（温度为 90℃左右）20mL，收集此液于 25mL 刻度试管内，冷至室温，用 25%酸性氯化钾定容至 25mL，即为试样净化液。

e. 重复上述操作，将 20mL 硫胺素标准使用液加入盐基交换柱以代替试样提取液，即得到标准净化液。

③ 氧化

a. 将 5mL 试样净化液分别加入 A、B 两个反应瓶。

b. 在避光条件下将 3mL 15% 氢氧化钠加入反应瓶 A，振摇约 15s，然后加入 10mL 正丁醇；将 3mL 碱性铁氰化钾溶液加入反应瓶 B，振摇约 15s，然后加入 10mL 正丁醇；将 A、B 两个反应瓶同时用力振摇，准确计时 1.5min。

c. 重复氧化步骤 a～b，用标准净化液代替试样净化液。

d. 用黑布遮盖 A、B 反应瓶，静置分层后吸去下层碱性溶液，加入 2～3g 无水硫酸钠使溶液脱水。

④ 荧光强度的测定

a. 荧光测定条件　激发波长 365nm，狭缝 5nm；发射波长 435nm，狭缝 5nm。

b. 依次测定下列荧光强度

试样空白荧光强度（试样反应瓶 A）；

标准空白荧光强度（标准反应瓶 A）；

试样荧光强度（试样反应瓶 B）；

标准荧光强度（标准反应瓶 B）。

（5）计算

$$X=\frac{U-U_0}{S-S_0}\times\frac{\sigma V}{m}\times\frac{V_1}{V_2}\times\frac{100}{1000}$$

式中 X——试样中维生素 B_1 含量，mg/100g；

U——试样荧光强度；

U_0——试样空白荧光强度；

S——标准荧光强度；

S_0——标准空白荧光强度；

σ——硫胺素标准使用液浓度，μg/mL；

V——用于净化的硫胺素标准使用液体积，mL；

V_1——试样水解后定容之体积，mL；

V_2——用于净化的试样提取液体积，mL；

m——样品的质量，g。

计算结果保留两位有效数字。

任务工单十　食品中维生素C含量的测定

任务名称		学时	
学生姓名		班级	
实训场地		日期	
客户任务			
任务目的			

一、资讯

1. 水溶性维生素有＿＿＿＿＿＿、＿＿＿＿＿＿＿＿、＿＿＿＿＿＿＿＿等。

2. 水溶性维生素常用的测定方法有哪些？

3. 水溶性维生素的性质有哪些？

4. 简述2,4-二硝基苯肼光度法测维生素C的原理和操作要点？

二、决策与计划

请根据检验对象和检测任务，确定检验的标准方法和所需要的检测仪器、试剂，并对小组成员合理分工，制定详细的工作计划。

1. 采用的标准方法：

2. 需要的检测仪器、试剂：

3. 写出小组成员分工、实际工作的具体步骤，注意计划好先后次序：

三、实施

1. 样品：

2. 测定：

3. 测量过程中把原始数据记录在下表中：

项目：　　　　　　　　　　　　　　　　　　　　　　　　日期：
样品：　　　　　　　　　　　　　　　　　　　　　　　　方法：

4. 计算公式为＿＿＿＿＿＿＿＿＿＿＿＿。

5. 根据原始数据填写检验报告单：

检验报告单

编号：

样品名称		检验项目	
生产单位		检验依据	
生产日期及批号		检验日期	

检验结果：

结论：

四、检查

1. 根据考核标准，对整个实训过程中出现的问题进行总结。

2. 各组根据各自的检测对象不同，相互交流检验方法。

五、评估

1. 请根据自己任务的完成情况，对自己的工作进行自我评估，并提出改进建议。

2. 组内成员之间相互评估。

3. 教师对小组工作情况进行评估，并进行点评。

4. 学生本次完成任务得分：＿＿＿＿＿＿＿＿＿＿。

任务十一　食品中护色剂含量的测定

知识要求	技能要求	参考学时
• 了解护色剂的定义； • 了解硝酸盐、亚硝酸盐的作用机理和毒性； • 了解食品中亚硝酸盐与硝酸盐的测定方法； • 理解食品中亚硝酸盐与硝酸盐的测定原理； • 掌握格里斯试剂（盐酸萘乙二胺）比色法测定亚硝酸盐的操作方法； • 掌握镉柱法测定硝酸盐的操作方法。	• 能配制硝酸钠、亚硝酸钠的标准溶液及标准使用液； • 会使用分光光度计； • 会用盐酸萘乙二胺比色法测定食品中的亚硝酸盐含量； • 会用镉柱法测定食品中的硝酸盐； • 会根据测得的数据绘制标准曲线并依据标准曲线计算样品中的硝酸盐、亚硝酸盐的含量。	6

一、概述

1. 定义

护色剂也称发色剂或呈色剂，在食品加工过程中，添加适量的化学物质与食品中的某些成分作用，而使制品呈现良好的色泽，主要指一些能够使肉与肉制品呈现良好色泽的物质。最常用的护色剂是硝酸盐和亚硝酸盐。

发色助剂：在使用护色剂的同时，还常常加入一些能促进发色的物质，这些物质可称为发色助剂。发色助剂为L-抗坏血酸、L-抗坏血酸钠及烟酰胺等。

硝酸盐和亚硝酸盐的测定方法很多，公认的测定法为格里斯试剂比色法、镉柱法。

2. 作用机理

亚硝酸盐和硝酸盐添加在制品中后转化为亚硝酸，亚硝酸分解出亚硝基（—NO），亚硝基会很快与肌红蛋白反应生成鲜艳的、亮红色的亚硝基肌红蛋白（MbNO），亚硝基肌红蛋白遇热后，放出巯基（—SH），变成了具有鲜红色的亚硝基血色原，从而赋予食品鲜艳的红色。

同时，亚硝酸盐对抑制微生物的增殖有一定作用，与食盐并用可增加抑菌，对肉毒梭状芽孢杆菌有特殊抑制作用。

3. 亚硝酸盐和硝酸盐的毒性作用

（1）亚硝酸盐的毒性作用

① 急性毒性作用　亚硝酸盐是食品添加剂中急性毒性较强的物质之一。极量一次为

0.3g。摄取大量亚硝酸盐进入血液后，可使正常的血红蛋白（Fe^{2+}）变成正铁血红蛋白，便失去携带氧的功能，导致组织缺氧。乳婴对亚硝酸盐特别敏感。

② 慢性毒性作用　亚硝酸盐对人体的慢性毒性作用，不在其本身，而在于它作为一种强致癌物质——亚硝胺的前体物质而发挥作用，摄入的亚硝酸盐与仲胺可在人体内合成亚硝胺。

（2）硝酸盐的毒性作用　主要是它在食物中、水中或在胃肠道内尤其是婴幼儿的胃肠道内被还原成亚硝酸盐，生成的亚硝酸盐形成亚硝胺。

FAO 规定以亚硝酸钠计每日允许摄入量（ADI）0～0.2mg/kg，以硝酸钠计每日允许摄入量（ADI）0～5mg/kg。

我国《食品添加剂使用卫生标准》（GB 2760—2007）规定：亚硝酸盐用于腌制肉类、肉类罐头、肉制品时的最大使用量为 0.15g/kg，硝酸钠最大使用量为 0.5g/kg，残留量（以亚硝酸钠计）肉类罐头不得超过 0.05g/kg，肉制品不得超过 0.03g/kg。

4. 食品中亚硝酸盐与硝酸盐的测定方法

肉制品中亚硝酸盐含量的测定方法，常用重氮偶合比色法，此法操作简单，灵敏度符合要求。所用重氮化试剂多为对氨基苯磺酸，与亚硝酸盐生成重氮盐；所用的偶合试剂有盐酸萘乙二胺和 α-萘胺，均与重氮盐生成紫红色的染料，颜色的深浅与亚硝酸盐的含量成正比，可用于比色测定。重氮偶合比色法（盐酸萘乙二胺比色法）测定亚硝酸盐，此法适用于肉制品中亚硝酸盐的测定。

也有用荧光法进行亚硝酸盐测定的，此法不受检液本身的颜色或浑浊的干扰，也不受样品稀释度的影响，但操作复杂。也有用示波极谱法测定亚硝酸盐的。

气相色谱法用于亚硝酸盐的微量与痕量分析。镉柱法用于测定硝酸盐。

二、亚硝酸盐的检测

分析方法参照 GB/T 5009.33—2010《食品中亚硝酸盐和硝酸盐的测定》第二法分光光度法。

1. 原理

样品经沉淀蛋白质、除去脂肪后，在弱酸条件下亚硝酸盐与对氨基苯磺酸重氮化后，产生重氮盐，此重氮盐再与偶合试剂（盐酸萘乙二胺）偶合形成紫红色染料，染料的颜色深浅与亚硝酸盐含量成正比，其最大吸收波长为 538nm，测定其吸光度后，可与标准比较定量。

2. 试剂

（1）亚铁氰化钾溶液　称取 106.0g 亚铁氰化钾，用水溶解，并稀释至 1000mL。

（2）乙酸锌溶液　称取 220.0g 乙酸锌，先加 30mL 冰醋酸溶解，用水稀释至 1000mL。

（3）饱和硼砂溶液　称取 5.0g 硼酸钠溶于 100mL 热水中，冷却后备用。

（4）0.4%对氨基苯磺酸溶液　称取 0.4g 对氨基苯磺酸，溶于 100mL 20%的盐酸中，避光保存。

（5）0.2%盐酸萘乙二胺溶液　称取 0.2g 盐酸萘乙二胺，以水定容至 100mL 水中，避光保存。

（6）亚硝酸钠标准溶液　精密称取0.1000g事先于硅胶干燥器中干燥24h的基准亚硝酸钠，用重蒸馏水溶解，移入500mL容量瓶中稀释至刻度。此溶液每毫升相当于200 μg亚硝酸钠。

（7）亚硝酸钠标准使用液　5μg/mL，临时用亚硝酸钠标准溶液配制。

3. 仪器

小型绞肉机或组织捣碎机，天平，分光光度计。

4. 操作步骤

（1）样品的处理　称取5g（精确至0.01g）制成匀浆的试样（如制备过程中加水，应按加水量折算），置于50mL烧杯中，加12.5mL饱和硼砂溶液，搅拌均匀，以70 ℃左右的水约300mL将试样洗入500mL容量瓶中，于沸水浴中加热15 min，取出置冷水浴中冷却，并放置至室温。在振荡上述提取液时加入5mL亚铁氰化钾溶液，摇匀，再加入5mL乙酸锌溶液，以沉淀蛋白质。加水至刻度，摇匀，放置30 min，除去上层脂肪，上清液用滤纸过滤，弃去初滤液30mL，滤液备用。

（2）测定　吸取40mL样品处理液于50mL比色管中，另吸取0.00mL、0.20mL、0.40mL、0.60mL、0.80mL、1.00mL、1.50mL、2.00mL、2.50mL亚硝酸钠标准使用液（相当于0.0μg、1.0μg、2.0μg、3.0μg、4.0μg、5.0μg、7.5μg、10.0μg、12.5μg亚硝酸钠），分别置于50mL比色管中。于标准与样品管中分别加入2mL 0.4%对氨基苯磺酸溶液混匀，静置3～5min后，各加入1mL 0.2%盐酸萘乙二胺溶液，加水至刻度，混匀，静置15min，用2cm比色杯，以零管调节零点，于波长538nm处测吸光度，绘制标准曲线比较定量，同时作试剂空白。

5. 结果计算

$$X=\frac{m_1V_1}{mV_2}$$

式中　X——样品中亚硝酸盐的含量，mg/kg；

m——样品质量，g；

m_1——测定用样液中亚硝酸盐的含量（即从标准曲线上查得），μg；

V_1——样品处理液总体积，mL；

V_2——比色时取样品处理液的体积，mL。

计算结果保留两位有效数字。

6. 说明及注意事项

（1）实验中使用重蒸水可以减少试验误差。

（2）亚铁氰化钾和乙酸锌溶液作为蛋白质沉淀剂，是利用产生的亚铁氰化锌与蛋白质共沉淀。

（3）硫酸锌溶液（30%）也可作为蛋白质沉淀剂使用。

（4）饱和硼砂的作用有二：一是亚硝酸盐的提取剂，二是蛋白质沉淀剂。

（5）盐酸萘乙二胺有致癌作用，使用时应注意安全。

（6）当亚硝酸盐含量过高时，过量的亚硝酸盐可以使偶氮化合物氧化，生成黄色，而使红色消失，这时应将样品处理液稀释后再做，最好是样品的吸光度落在标准曲线的吸光度之内。

（7）显色的pH以1.9～3.0为好。显色后的稳定性与室温有关。在10℃时放置24h，吸光度值降低2%～3%；20℃时放置2h，吸光度值开始下降；30℃显色1h颜色开始变浅；40℃的温度条件下，显45min后吸光度值即迅速下降；温度降低其显色时间也推迟。一般认为显色温度15～30℃，在20～30 min内比色为宜。

任务工单十一　食品中亚硝酸盐含量的测定

任务名称		学时	
学生姓名		班级	
实训场地		日期	
客户任务			
任务目的			

一、资讯

1. 亚硝酸是一种护色剂，它在肉制品中的护色机理是____。
2. 亚硝酸盐除了可以作护色剂外，还可以做________，尤其是对____________有显著的抑制作用。
3. 亚硝酸盐可致癌，举出3种含有亚硝酸盐的常见食品：________、________、________。
4. 测定亚硝酸盐的方法有哪些？简述其操作要点。

二、决策与计划

请根据检验对象和检测任务，确定检验的标准方法和所需要的检测仪器、试剂，并对小组成员合理分工，制定详细的工作计划。

1. 采用的标准方法：

2. 需要的检测仪器、试剂：

3. 写出小组成员分工、实际工作的具体步骤，注意计划好先后次序：

三、实施

1. 样品：

2. 测定：

3. 测量过程中把原始数据记录在下表中：

项目：　　　　　　　　　　　　　　　　　　　　　　日期：
样品：　　　　　　　　　　　　　　　　　　　　　　方法：

4. 计算公式为＿＿＿＿＿＿＿＿＿＿＿＿。

5. 根据原始数据填写检验报告单：

检验报告单

编号：

样品名称		检验项目	
生产单位		检验依据	
生产日期及批号		检验日期	

检验结果：

结论：

四、检查

1. 根据考核标准，对整个实训过程中出现的问题进行总结。

2. 各组根据各自的检测对象不同，相互交流检验方法。

五、评估

1. 请根据自己任务的完成情况，对自己的工作进行自我评估，并提出改进建议。

2. 组内成员之间相互评估。

3. 教师对小组工作情况进行评估，并进行点评。

4. 学生本次完成任务得分：＿＿＿＿＿＿＿＿＿＿＿＿。

任务十二　食品中甜味剂含量的测定

知识要求	技能要求	参考学时
●了解甜味剂的定义及分类； ●掌握糖精钠的测定方法。	●会测定食品中甜味剂的含量能正确判定食品的品质。	6

一、基本概念

甜味剂是指能够赋予食品甜味的食品添加剂，其分类方法有如下几种：按其来源可分为天然甜味剂和人工合成甜味剂；按其营养价值分为营养性甜味剂和非营养性甜味剂；按其化学结构和性质可以分为糖类和非糖类甜味剂。糖类甜味剂多由人工合成，其甜度与蔗糖差不多，但因其热值较低，或因其与葡萄糖有不同的代谢过程可有某些特殊的用途。非糖类甜味剂甜度很高，用量少，热值很小，多不参与代谢过程，常称为非营养性或低热值甜味剂。

通常所讲的甜味剂指人工合成的非营养型甜味剂，如糖精钠、环己氨基磺酸钠（甜蜜素）、乙酰磺胺酸钾（安塞蜜）、天冬酰苯丙氨甲酯（甜味素、阿斯巴甜）等。

二、糖精钠的测定

糖精是可用作甜味剂，但其不溶于水，而其钠盐糖精钠易溶于水，所以食品上常用其钠盐——糖精钠作甜味剂。糖精钠又称可溶性糖精。呈白色粉末，无臭或微有香气，易溶于水，不溶于乙醚、氯仿等有机溶剂。甜度是蔗糖的500倍左右，耐热及耐碱性弱，酸性条件下加热甜味渐渐消失，溶液浓度较大时则味苦。

糖精钠的测定方法有多种，国家标准有高效液相色谱法、薄层色谱法、离子选择性电极法等，下面介绍薄层色谱法测定糖精钠含量。

分析方法参照GB/T 5009.28—2003《食品中糖精钠的测定》第二法薄层色谱法。

1. 原理

样品经除去蛋白质、果胶、CO_2、乙醇等杂质后，在酸性条件下，利用乙醚来提取、浓缩糖精钠，薄层色谱分离、显色后，与标准比较，进行定性和半定量测定。

2. 试剂

（1）乙醚　无过氧化物。

（2）无水硫酸钠。

（3）无水乙醇和95%乙醇。

（4）聚酰胺粉　200目。

（5）盐酸（1∶1）：取100mL盐酸，加水稀释至200mL。

（6）展开剂

① 正丁醇+氨水+无水乙醇（7∶1∶2）。

② 异丙醇+氨水+无水乙醇（7∶1∶2）

（7）显色剂　溴甲酚紫溶液（0.4g/L）。称取0.04g溴甲酚紫，用50%的乙醇溶解，加4g/L的氢氧化钠溶液1.1mL调节pH为8，定容至100mL。

（8）硫酸铜溶液（100g/L）　称取10g硫酸铜，用水溶解并稀释至100mL。

（9）氢氧化钠溶液（40g/L）。

（10）糖精钠标准溶液　准确称取0.0851g经120℃干燥4h后的糖精钠，加乙醇溶解，移入100mL容量瓶中，加乙醇（95%）稀释至刻度。此溶液每毫升相当于1mg糖精钠。

3. 仪器

(1) 玻璃纸　生物制品透析袋纸或不含增白剂的市售玻璃纸。

(2) 玻璃喷雾器。

(3) 微量注射器。

(4) 紫外光灯　波长253.7nm。

(5) 薄层板　10cm×20cm或20cm×20cm。

(6) 展开槽。

4. 操作步骤

(1) 试样提取

① 饮料、冰棍、汽水　取10.0mL均匀样品置于100mL分液漏斗中，加2mL盐酸(1∶1)，用30mL、20mL、20mL乙醚提取3次，合并乙醚提取液，用5mL盐酸酸化的水洗涤1次，弃去水层。乙醚层通过无水硫酸钠脱水后，挥发乙醚，加2.0mL乙醇溶解残留物，密塞保存，备用。如样品中含有二氧化碳，先加热除去，如样品中含有酒精，加4%氢氧化钠溶液使其呈碱性，在沸水浴中加热除去。

② 酱油、果汁、果酱等　称取20.0g或吸取20.0mL均匀样品，置于100mL容量瓶中，加水至约60mL，加20mL硫酸铜溶液(100g/L)，混匀，再加4.4mL氢氧化钠溶液(40g/L)，加水至刻度，混匀，静置30min，过滤，取50mL滤液置于150mL分液漏斗中，以下按本法①自“加2mL盐酸(1∶1)”起依法操作。

③ 固体果汁粉等　称取20.0g磨碎的均匀样品，置于200mL容量瓶中，加100mL水，加温使溶解、冷却。以下按②自“加20mL硫酸铜(100g/L)”起依法操作。

④ 糕点、饼干等含蛋白质、脂肪、淀粉多的食品　称取25.0g均匀样品，置于透析用玻璃纸中，放入大小适当的烧杯内，加50mL氢氧化钠溶液(0.8g/L)，调成糊状，将玻璃纸口扎紧，放入盛有200mL氢氧化钠溶液(0.8g/L)的烧杯中，盖上表面皿，透析过夜。量取125mL透析液(相当12.5g样品)，加约0.4mL盐酸(1∶1)使成中性，加20mL硫酸铜溶液(100g/L)，混匀，再加4.4mL氢氧化钠溶液(40g/L)，混匀，静置30min，过滤。取120mL(相当10g样品)，置于250mL分液漏斗中，以下按①自“加2mL盐酸(1∶1)”起依法操作。

(2) 薄层板的制备　称取1.6g聚酰胺粉，加0.4g可溶性淀粉，加约7.0mL水，研磨3～5min，立即涂成0.25～0.30mm厚、大小为10cm×20cm的薄层板，室温干燥后，在80℃下干燥1h。置于干燥器中保存，备用。

(3) 点样　在薄层板下端2cm处，用微量注射器点10μL和20μL的样液两个点，同时点3.0，5.0，7.0，10.0μL糖精钠标准溶液，各点间距1.5cm。

(4) 展开与显色　将点好的薄层板放入盛有展开剂的展开槽中，展开剂液层约0.5cm，并预先已达到饱和状态。展开至10cm处时，取出薄层板，挥发干，喷显色剂，斑点显黄色，根据试样点和标准点的比移值进行定性分析，根据斑点颜色深浅进行半定量测定。

(5) 计算

$$X=\frac{m_1\times1000}{m_2\times\dfrac{V_2}{V_1}\times1000}$$

式中　X——样品中糖精钠的含量，g/kg或g/L；

m_1——测定用样液中糖精钠的质量，mg；

m_2——样品质量(体积)，g或mL；

V_1——样品提取液残留物加入乙醇的体积，mL；

V_2——点板液体积，mL。

注意：本法是半定量分析，要想精确定量可采用高效液相色谱法。

任务工单十二　食品中甜味剂含量的测定

任务名称		学时	
学生姓名		班级	
实训场地		日期	
客户任务			
任务目的			

一、资讯

1. 甜味剂是指____。
2. 食品中的甜味剂为什么不用糖精而用其钠盐？

3. 薄层色谱法测定糖精钠的原理是什么？

二、决策与计划

请根据检验对象和检测任务，确定检验的标准方法和所需要的检测仪器、试剂，并对小组成员合理分工，制定详细的工作计划。

1. 采用的标准方法：

2. 需要的检测仪器、试剂：

3. 写出小组成员分工、实际工作的具体步骤，注意计划好先后次序：

三、实施

1. 样品：

2. 测定：

3. 测量过程中把原始数据记录在下表中：

项目：　　　　　　　　　　　　　　　　　　　　　　日期：

样品：　　　　　　　　　　　　　　　　　　　　　　方法：

4. 计算公式为＿＿＿＿＿＿＿＿＿＿＿。

5. 根据原始数据填写检验报告单：

检验报告单

编号：

样品名称		检验项目	
生产单位		检验依据	
生产日期及批号		检验日期	
检验结果：			
结论：			

四、检查

1. 根据考核标准，对整个实训过程中出现的问题进行总结。

2. 各组根据各自的检测对象不同，相互交流检验方法。

五、评估

1. 请根据自己任务的完成情况，对自己的工作进行自我评估，并提出改进建议。

2. 组内成员之间相互评估。

3. 教师对小组工作情况进行评估，并进行点评。

4. 学生本次完成任务得分：＿＿＿＿＿＿＿＿＿＿。

任务十三　食品中防腐剂含量的测定

知识要求	技能要求	参考学时
•了解防腐剂的定义、种类、作用及其毒性； •了解食品中山梨酸、苯甲酸的测定方法； •理解气相色谱法、高效液相色谱法、薄层色谱法测定食品中山梨酸、苯甲酸的原理； •掌握薄层色谱法测定食品中山梨酸、苯甲酸的操作方法。	•能制备薄层板； •会用薄层色谱法测定食品中山梨酸、苯甲酸的含量。	6

一、概述

1. 定义

防腐剂是能防止食品腐败、变质，抑制食品中微生物繁殖，延长食品保存期的一类物质的总称。

防腐剂在现阶段尚有一定作用，随着食品保藏新工艺、新设备的不断完善，防腐剂将逐步减少使用，但它不会在食品工业中消失。

目前，我国许可使用的品种有：苯甲酸、苯甲酸钠、山梨酸、山梨酸钾、丙酸钠、丙酸钙、对羟基苯甲酸乙酯和丙酯、脱氢乙酸等。

2. 山梨酸、苯甲酸的作用

山梨酸在世界上大多数国家都有使用。山梨酸不仅能有效地阻止霉菌、酵母、好气性腐败菌的发育，而且有杀菌作用，但是它们对厌气性细菌和乳酸菌几乎没有作用。在细菌过多的情况下，也发挥不了作用。因此，在食品生产的过程中要注意卫生。

苯甲酸是世界上被广泛采用的防腐剂。苯甲酸是酸性的，作为酸性保存剂使用于酸性食品中。

3. 苯甲酸、山梨酸的理化性质

苯甲酸又名安息香酸，微溶于水，易溶于乙醇、乙醚等有机溶剂。在酸性条件下可随水蒸气蒸馏。化学性质较稳定。其钠盐苯甲酸钠易溶于水，难溶于有机溶剂，在酸性条件下（pH2.5～4）能转化为苯甲酸。在酸性条件下苯甲酸及苯甲酸钠防腐效果较好，适宜用于偏酸的食品（pH4.5～5）。

山梨酸难溶于水，易溶于乙醇、乙醚，在酸性条件下可随水蒸气蒸馏，化学性质稳定。其钾盐山梨酸钾易溶于水，难溶于有机溶剂，与酸作用生成山梨酸。山梨酸及其钾盐也是用于酸性食品的防腐剂，适合于在 pH5～6 以下使用。它是通过与霉菌、酵母菌酶系统中的巯基结合而达到抑菌作用。但对厌氧芽孢杆菌、乳酸菌无效。

4. 山梨酸、苯甲酸的毒性

山梨酸的毒性比较微弱，目前普遍认为是比较安全的保存剂。山梨酸是一种不饱和脂肪酸。在机体内可正常地参与新陈代谢。基本上和天然不饱和脂肪酸一样可以在机体内生成 CO_2 和水。因此，山梨酸可看作是食品的成分。几乎对人体没有毒性，是一种比苯甲酸更安全的防腐剂。FAO/WHO 联合食品添加剂专家委员会 1996 年提出的山梨酸和山梨酸钾的每日允许摄入量（ADI）值以山梨酸计为 0～25mg/kg 体重。

苯甲酸像脂肪酸一样，能在肠内很好地被吸收。苯甲酸进入机体后，大部分在 9～15h 内与甘氨酸生成马尿酸从尿中排除。剩余部分与葡萄糖醛酸化合而解毒。用示踪 ^{14}C 试验证明，苯甲酸不在机体内蓄积。以上两种解毒作用都是在肝脏中进行的。因此苯甲酸对肝功能衰弱的人可能不适宜。苯甲酸的毒性较小，1996 年 FAO/WHO 限定苯甲酸及盐的每日允许摄入量（ADI）值以苯甲酸计为 0～5mg/kg 体重。

总的来说，目前普遍认为苯甲酸是比较安全的防腐剂，以小剂量添加于食品中，未发现任何毒性作用。

二、食品中山梨酸、苯甲酸的测定方法

食品中山梨酸、苯甲酸测定方法较多，目前偏向于仪器分析。一般来说，是将样品酸化后，用乙醚提取，进行测定。测定方法有薄层色谱法、气相色谱法、高效液相色谱法。

分析方法参照 GB/T 5009.29—2003《食品中山梨酸、苯甲酸的测定》第三法薄层色谱法。

1. 原理

样品酸化后，用乙醚提取山梨酸、苯甲酸。将样品提取液浓缩，点于聚酰胺薄层板上，展开。显色后，根据薄层板上山梨酸、苯甲酸的比移值（R_f），与标准比较定性，并可进行概略定量。

本法还可以同时测定果酱、果汁中的糖精。

用薄层色谱法分离山梨酸和苯甲酸，理想的吸附剂为聚酰胺粉。

2. 试剂

（1）异丙醇　A. R.。

（2）正丁醇　A. R.。

（3）石油醚　沸程 30～60℃。

（4）乙醚　不含过氧化物。

（5）氨水　A. R.。

（6）无水乙醇　A. R.。

（7）聚酰胺粉　200 目。

（8）盐酸（1∶1）　取 100mL 盐酸，加水稀释至 200mL。

（9）氯化钠酸性溶液（40g/L）　于氯化钠溶液（40g/L）中加少量盐酸（1∶1）酸化。

（10）展开剂如下

① 正丁醇＋氨水＋无水乙醇（7∶1∶2）。

② 异丙醇＋氨水＋无水乙醇（7∶1∶2）。

（11）山梨酸标准溶液　准确称取 0.2000g 山梨酸，用少量乙醇溶解后移入 100mL 容量瓶中，并稀释至刻度，此溶液每毫升相当于 2.0mg 山梨酸。

（12）苯甲酸标准溶液　准确称取 0.2000g 苯甲酸，用少量乙醇溶解后移入 100mL 容量瓶中，并稀释至刻度，此溶液每毫升相当于 2.0mg 山梨酸。

（13）显色剂　溴甲酚紫-乙醇（50%）溶液（0.4g/L），用氢氧化钠溶液（4g/L）调至 pH 为 8。

3. 仪器

吹风机；层析缸；玻璃板：10cm×18cm；微量进样器：10μL，100μL；喷雾器。

4. 分析步骤

（1）样品处理　称取 2.50g 事先混合均匀的样品，置于 25mL 具塞量筒中，加 0.5mL 盐酸（1∶1）酸化，用 15mL 乙醚萃取，振摇 1min，将上层醚提取液吸入另一 25mL 具塞量筒中；再加 10mL 乙醚于样品中萃取，振摇 1min，将上层醚提取液吸入前一 25mL 具塞量筒中，即合并两次乙醚萃取液。向乙醚萃取液中加入 3mL NaCl 酸性溶液（40g/L），静止 15min，用滴管将乙醚层通过无水 Na_2SO_4 层过滤于 25mL 容量瓶中，加乙醚定容至 25mL，混匀。吸取 10.0mL 乙醚提取液分两次置于 10mL 具塞离心管中，在 40℃ 水浴上挥发干，加 0.10mL 乙醇溶解残渣，备用。

（2）薄层板的制备　称取 1.6g 聚酰胺粉，加 0.4g 可溶性淀粉，加约 15mL 水，研磨 3～5min，立即倒入涂布器内制成 10cm×18cm、厚度 0.3mm 的薄层板两块，室温干燥后，于 80℃ 干燥 1h，取出置于干燥器中保存。

注意事项：聚酰胺薄层板，烘干温度不能高于 80℃，否则聚酰胺变色。

（3）点样　在薄层下端 2cm 的基线上，用微量注射器点 1μL、2μL 样品液，同时在空白处各点 1μL、2μL 的苯甲酸和山梨酸标准溶液。

确定基线：距下端 2cm 处作一微小记号。

点放样品：点状、斑状（注意点样针不能触碰薄层板）。

（4）展开与显色　展开缸的预饱和：在展开之前，使展开剂蒸汽在展开缸内饱和，使展开缸汽液状态达到一定的稳定状态，一般需要 30min，此时尚未放薄层板。预饱和后，将薄层板下端浸入液面 0.5cm，使展开剂沿薄层上升。

将点样后的薄层板放入预先盛有展开剂的展开槽内，展开槽周围贴有滤纸，待溶剂前沿上展至 10cm，取出使之挥发干，喷显色剂，斑点呈黄色，背景为蓝色。样品中所含苯甲酸、山梨酸的量与标准斑点比较定量（苯甲酸、山梨酸的比移值依次为 0.82，0.73）。

5. 结果计算

$$X=\frac{m_1\times 1000}{m_2\times\frac{10}{25}\times\frac{V_2}{V_1}\times 1000}$$

式中　X——试样中山梨酸（苯甲酸）的含量，g/kg；

m_1——测定用样品液中山梨酸（苯甲酸）的质量，mg；

m_2——样品质量，g；

V_1——加入乙醇的体积，mL；

V_2——测定时点样的体积，mL；

10——测定时吸取乙醚提取液的体积，mL；

25——试样乙醚提取液总体积，mL。

任务工单十三　食品中苯甲酸含量的测定

任务名称		学时	
学生姓名		班级	
实训场地		日期	
客户任务			
任务目的			

一、资讯

1. 苯甲酸是一种（　　）。A、防腐剂　　B、护色剂
2. 苯甲酸常用的测定方法有____________、____________、____________等。
3. 防腐剂的防腐机理是什么？

4. 苯甲酸有哪些性质？

5. 简述分光光度法测定苯甲酸的操作要点。

6. 常用的防腐剂有哪些，如何用气相色谱法测定苯甲酸的含量？

二、决策与计划

请根据检验对象和检测任务，确定检验的标准方法和所需要的检测仪器、试剂，并对小组成员合理分工，制定详细的工作计划。

1. 采用的标准方法：

2. 需要的检测仪器、试剂：

3. 写出小组成员分工、实际工作的具体步骤，注意计划好先后次序：

三、实施

1. 样品：

2. 测定：

3. 测量过程中把原始数据记录在下表中：

项目：	日期：
样品：	方法：

4. 计算公式为____________________。
5. 根据原始数据填写检验报告单：

检验报告单

编号：

样品名称		检验项目	
生产单位		检验依据	
生产日期及批号		检验日期	
检验结果：			
结论：			

四、检查

1. 根据考核标准，对整个实训过程中出现的问题进行总结。

2. 各组根据各自的检测对象不同，相互交流检验方法。

五、评估

1. 请根据自己任务的完成情况，对自己的工作进行自我评估，并提出改进建议。

2. 组内成员之间相互评估。

3. 教师对小组工作情况进行评估，并进行点评。

4. 学生本次完成任务得分：____________________。

任务十四　食品中铅含量的测定

知识要求	技能要求	参考学时
• 了解有害元素的种类、在食物中的分布、危害及测定意义； • 了解有害元素的测定方法及测定条件； • 掌握样品的预处理方法； • 理解双硫腙比色法、石墨炉原子吸收光谱法测定食品中铅含量的原理； • 掌握双硫腙比色法、石墨炉原子吸收光谱法测定铅元素的操作方法。	• 能配制铅元素的标准溶液、标准使用液； • 会绘制标准曲线； • 会用双硫腙比色法、石墨炉原子吸收光谱法测定食品中铅元素的含量。	6

一、概述

铅是一种具有蓄积性的有害元素，能够引起慢性铅中毒。为了控制人体铅的摄入量，我国食品卫生标准中将铅列为重要监测项目。

食品中铅的来源包括以下几个方面：原料、添加剂、生产工艺（包括流水线上的生产设备）、容器（含铅的陶瓷、搪瓷的釉药及含铅的锡制品等）、包装（如表面涂有铅的涂层、镀锡薄板焊接部分溶出）、储存和运输过程中的铅污染等。

铅对人体的危害甚大。铅可通过消化道和呼吸道等进入人体，如随食物、罐头食品、水源及劣质药物等进入人体，如果排泄不及时，可发生慢性中毒，其症状主要有神经衰弱症候群、神经炎，最后引起血管病、脑出血、肾炎，还可引起骨骼病变。

二、铅的测定方法

铅的测定方法有双硫腙比色法、石墨炉原子吸收光谱法、氢化物-原子荧光光谱法、火焰原子吸收光谱法。

1. 双硫腙比色法

分析方法参照GB/T 5009.12—2010《食品中铅的测定》第四法双硫腙比色法。

(1) 原理　试样经消化后，在pH 8.5～9.0时，铅离子与双硫腙生成红色配合物，溶于氯仿或CCl_4中，红色深浅与铅离子浓度成正比，比色测定。

(2) 条件　测定前要加盐酸羟胺、氰化钾、柠檬酸铵来掩蔽铁、铜、锡、镉等离子。

(3) 仪器　天平、分光光度计、马弗炉、干燥恒温箱、瓷坩埚。

(4) 测定步骤

① 用铅标准溶液（1μg/mL）标定双硫腙溶液。

铅标准溶液：用HNO_3来溶解$Pb(NO_3)_2$；

双硫腙溶液：0.001%（溶于CCl_4）。

② 测定样品　粉碎、消化、定容（用蒸馏水）、测定，再根据所用双硫腙量计算样品中铅含量。

(5) 注意

① 双硫腙法用氰化钾作掩蔽剂，不要任意增加浓度和用量以免干扰铅的测定。

② 氰化钾有剧毒，不能用手接触，必须在溶液调至碱性后再加入。废的氰化钾溶液应加 NaOH 和 $FeSO_4$（亚铁），使其变成亚铁氰化钾再倒掉。

③ 如果样品中含 Ca、Mg 的磷酸盐时，不要加柠檬酸铵，避免生成沉淀带走使铅损失。

④ 样品中含锡量>150mg 时，要设法让其变成溴化锡而蒸发除去，以免产生偏锡酸而使铅丢失。

⑤ 测铅要用硬质玻璃皿，提前用1%～10% HNO_3 浸泡玻璃皿，再用水将其冲洗干净。

2. 石墨炉原子吸收光谱法

分析方法参照 GB/T 5009.12—2010《食品中铅的测定》第一法石墨炉原子吸收光谱法。

（1）原理　样品经灰化或酸消解后，注入原子吸收分光光度计石墨炉中，电热原子化后吸收 283.3nm 共振线，在一定浓度范围，其吸收值与铅含量成正比，与标准系列比较定量。

（2）使用试剂的要求　分析过程中全部用水均使用去离子水，所使用的化学试剂均为优级纯。

主要试剂：硝酸、过硫酸铵、高氯酸、过氧化氢（30%）、硝酸（1∶1）、硝酸（0.5mol/L）、硝酸（1mol/L）、磷酸铵溶液（20g/L）、硝酸+高氯酸（4∶1）、铅标准储备液、铅标准使用液。

（3）仪器　所用玻璃仪器均需以硝酸（1∶5）浸泡过夜，用水反复冲洗，最后用去离子水冲洗干净。

原子吸收分光光度计（附石墨炉及铅空心阴极灯）、马弗炉、干燥恒温箱、瓷坩埚、压力消解器（压力消解罐或压力溶弹）、可调式电热板、可调式电炉。

（4）分析步骤

① 样品预处理。

② 样品消解。可用压力消解罐消解法、干法灰化、过硫酸铵灰化法、湿式消解法对样品消解。

③ 系列标准溶液的制备：将铅标准使用液用 0.5mol/L HNO_3 溶液稀释至 1μg/mL，准确吸取 1μg/mL 的铅标准溶液 0.00mL、0.50mL、1.00mL、2.00mL、3.00mL、4.00mL 分别置于 50mL 的容量瓶中，加入 0.5mol/L HNO_3 至刻度，混匀备用。

④ 标准曲线绘制　将铅系列标准溶液分别置入石墨炉自动进样器的样品盘上，进样量为 10μL，以磷酸二氢铵为基体改进剂，进样量为 5μL，注入石墨炉进行原子化，测出吸光度。以标准溶液中铅的含量为横坐标，对应的吸光度为纵坐标，绘制出标准曲线。

⑤ 样品测定　将样品处理液、试剂空白液分别置入石墨炉自动进样器的样品盘上，进样量为 10μL，以 20g/L 磷酸二氢铵为基体改进剂，进样量小于 5μL，注入石墨炉进行原子化，结果与标准曲线比较定量分析。

（5）计算

$$X=\frac{(\sigma-\sigma_0)V\times 1000}{m\times 1000\times 1000}$$

式中　X——样品的铅含量，mg/kg（或 mg/L）；

σ——测定样品液中铅含量，ng/mL；

σ_0——试剂空白液中铅含量，ng/mL；

m——样品的质量或体积，g 或 mL；

V——样品消化液定量总体积，mL。

结果保留两位有效数字。

任务工单十四　食品中铅含量的测定

任务名称		学时	
学生姓名		班级	
实训场地		日期	
客户任务			
任务目的			

一、资讯

1. 食品中铅的测定方法有________、__________、__________等国家标准方法。
2. 铅是如何污染食品的？

3. 氢化物原子荧光光谱法测定铅元素的原理是什么？

4. 测定铅含量用的标准曲线如何制作？

二、决策与计划

请根据检验对象和检测任务，确定检验的标准方法和所需要的检测仪器、试剂，并对小组成员合理分工，制定详细的工作计划。

1. 采用的标准方法：

2. 需要的检测仪器、试剂：

3. 写出小组成员分工、实际工作的具体步骤，注意计划好先后次序：

三、实施

1. 样品：

2. 测定：

剪切线

3. 测量过程中把原始数据记录在下表中：

项目：　　　　　　　　　　　　　　　　　　　　　　日期：
样品：　　　　　　　　　　　　　　　　　　　　　　方法：

4. 计算公式为＿＿＿＿＿＿＿＿＿＿＿。
5. 根据原始数据填写检验报告单：

检验报告单

编号：

样品名称		检验项目	
生产单位		检验依据	
生产日期及批号		检验日期	

检验结果：

结论：

四、检查

1. 根据考核标准，对整个实训过程中出现的问题进行总结。

2. 各组根据各自的检测对象不同，相互交流检验方法。

五、评估

1. 请根据自己任务的完成情况，对自己的工作进行自我评估，并提出改进建议。

2. 组内成员之间相互评估。

3. 教师对小组工作情况进行评估，并进行点评。

4. 学生本次完成任务得分：＿＿＿＿＿＿＿＿＿＿＿。

剪切线

任务十五　食品中铁含量的测定

知识要求	技能要求	参考学时
●了解铁的营养功能； ●了解铁的测定方法； ●理解原子吸收分光光度法、分光光度法测定铁含量的原理； ●掌握原子吸收分光光度法、分光光度法测定铁含量的操作方法。	●能配制铁元素的标准溶液、标准使用液； ●会用原子吸收分光光度法、分光光度法测定食品中的铁含量。	6

一、原子吸收分光光度法

分析方法参照 GB/T 5009.90—2003《食品中铁、镁、锰的测定》。

1. 原理

经湿法消化样品测定液后，导入原子吸收分光光度计，经火焰原子化后，吸收波长 248.3nm 共振线，其吸收量与铁的含量成正比，与标准系列比较定量。

2. 主要试剂

(1) 高氯酸-硝酸消化液　高氯酸：硝酸＝1：4（体积比）。

(2) 0.5mol/L HNO_3 溶液　量取 32mL 硝酸，加水并稀释至 1000mL 。

(3) 铁标准储备液　精确称取金属铁（纯度大于 99.99%）1.000g，或含 1.000g 纯铁相对应的氧化物，加硝酸溶解，移入 1000mL 的容量瓶中，加 0.5mol/L 硝酸溶液，并稀释至刻度。此溶液每毫升相当于 1mg 铁。

(4) 铁标准使用液　取铁标准溶液 10.0mL 于 100mL 的容量瓶中，加 0.5mol/L 硝酸溶液，并稀释至刻度。

3. 主要仪器

原子吸收分光光度计（含铁空心阴极灯）、电热板。

4. 操作方法

(1) 样品处理

① 样品制备　蔬菜、水果、鲜鱼、鲜肉等含水量高的样品用水冲洗干净后，再去离子水充分洗净。米、面、豆类、奶粉等含水量低的样品取样后立即装容器中密封保存，防止空气中的灰尘和水分污染。

② 样品消化　精确称取均匀样品干样 0.5～1.5g（湿样 2.0～4.0g，饮料等液体样品5.0～10.0g）于 250mL 烧杯中，加混合酸消化液 20～30mL，盖上表面皿，置于电热板上加热消化。最后如未完全消化而酸液较少时，可再补加几毫升混合酸消化液，继续加热消化，直至无色透明为止。再加入几毫升水，加热以除去多余的硝酸。待烧杯中的液体接近2～3mL 时，取下冷却。用水冲洗烧杯并转移至 10mL 的刻度试管中，用去离子水定容至刻度。

取与消化样品相同量的混合酸消化液，按同样方法做试剂空白试验溶液。

(2) 系列标准溶液的配制　吸取铁标准使用液 0.00、0.50mL、1.00mL、2.00mL、3.00mL、4.00mL 分别置于 100mL 的容量瓶中，加入 0.5mol/L HNO_3 至刻度，混匀备用。

(3) 仪器参考条件的选择　测定波长：248.3nm；光源：紫外灯；火焰：空气-乙炔；其它：灯电流、狭缝、空气、乙炔流量及灯头高度均按仪器说明调至最佳状态。

(4) 标准曲线的绘制　将铁标准溶液导入火焰原子化器进行测定，记录其对应的吸光度，以标准溶液中铁的含量为横坐标，对应的吸光度为纵坐标，绘制标准曲线。

（5）样品测定　将处理好的试剂空白液和样品溶液分别导入火焰原子化器进行测定，记录其对应的吸光度，与标准曲线比较定量分析。

5. 结果计算

$$X=\frac{(p-p_0)Vf\times 100}{m\times 1000}$$

式中　X——样品的铁含量，mg/100g（或 μg/100mL）；

p——测定用样品液中铁的浓度，μg/mL；

p_0——试剂空白液中铁的浓度，μg/mL；

m——样品的质量或体积，g 或 mL；

V——样品处理液总体积，mL；

f——稀释倍数。

计算结果精确到小数点后两位。

6. 说明

所有玻璃仪器均经硫酸-重铬酸钾洗液浸泡数小时，再以洗衣粉充分洗刷，其后用水反复冲洗，最后用去离子水冲洗烘干方可使用。

本方法最低检出浓度为 0.2μg/mL。

二、分光光度法（邻二氮菲比色法）

1. 原理

在 pH 2～9 的溶液中，二价铁离子与邻二氮菲生成稳定的橙红色配合物，在 510nm 有最大吸收，其吸光度与铁的含量成正比，故可比色测定。

2. 试剂

① 盐酸羟胺溶液：10%；

② 邻二氮菲水溶液（新鲜配制）：0.12%；

③ 乙酸钠溶液：10%；

④ 盐酸：1mol/L；

⑤ 铁标准溶液：10g/mL。

3. 仪器

原子吸收分光光度计、瓷坩埚、高温炉。

4. 测定方法

① 样品处理　称取有代表性样品 10.0g，置于瓷坩埚中，在小火上炭化后，移入 550℃ 高温炉中灰化成白色灰烬，取出，加入 2mL 盐酸（1∶1），在水浴上蒸干，再加 5mL 水，加热煮沸后移入 100mL 容量瓶中，用水稀释至刻度，摇匀。

② 标准曲线绘制　吸取 10g/mL 铁标准溶液 0.0mL、1.0mL、3.0mL、4.0mL、5.0mL，分别置于 50mL 容量瓶中，加入 1mL 1mol/L 盐酸溶液、1mL 10%盐酸羟胺、1mL 0.12%邻二氮菲溶液。然后加入 10%乙酸钠 5mL，用水稀释至刻度，摇匀，以不加铁的试剂空白溶液作参比液，在 510nm 波长处，用 1cm 比色皿测吸光度，绘制标准曲线。

③ 样品测定　准确吸取样液 5～10mL 于 50mL 容量瓶中，以下按标准曲线绘制操作，测定吸光度，在标准曲线上查出相对应的铁含量（μg）。

5. 结果计算

$$\text{铁含量}(\mu g/100g)=\frac{X}{m\times\frac{V_1}{V_2}}\times 100$$

式中　m——样品质量，g；

V_1——测定用样液体积，mL；

V_2——样液总体积，mL；

X——从标准曲线上查得测定用样液相当的铁含量，μg。

任务工单十五　食品中铁含量的测定

任务名称		学时	
学生姓名		班级	
实训场地		日期	
客户任务			
任务目的			

一、资讯

1. 食品中铁的测定方法有__________、___________两种国家标准方法。
2. 铁是人体必需的（　　）。A、常量元素　B、微量元素
3. 在测定铁元素时，铁的标准储备液、铁使用液配制好后应储存于_____瓶中。
4. 简述原子吸收分光光度计的工作原理。

5. 简述分光光度法测定铁元素的原理和操作要点。

二、决策与计划

请根据检验对象和检测任务，确定检验的标准方法和所需要的检测仪器、试剂，并对小组成员合理分工，制定详细的工作计划。

1. 采用的标准方法：

2. 需要的检测仪器、试剂：

3. 写出小组成员分工、实际工作的具体步骤，注意计划好先后次序：

三、实施

1. 样品：

2. 测定：

3. 测量过程中把原始数据记录在下表中：

项目：　　　　　　　　　　　　　　　　　　　日期：
样品：　　　　　　　　　　　　　　　　　　　方法：

4. 计算公式为＿＿＿＿＿＿＿＿＿＿。

5. 根据原始数据填写检验报告单：

检验报告单

编号：

样品名称		检验项目	
生产单位		检验依据	
生产日期及批号		检验日期	
检验结果：			
结论：			

四、检查

1. 根据考核标准，对整个实训过程中出现的问题进行总结。

2. 各组根据各自的检测对象不同，相互交流检验方法。

五、评估

1. 请根据自己任务的完成情况，对自己的工作进行自我评估，并提出改进建议。

2. 组内成员之间相互评估。

3. 教师对小组工作情况进行评估，并进行点评。

4. 学生本次完成任务得分：＿＿＿＿＿＿＿＿＿＿。

任务十六　食品中钙含量的测定

知识要求	技能要求	参考学时
• 了解钙的营养功能； • 了解钙的测定方法； • 理解原子吸收分光光度法和滴定法测定钙含量的原理。	• 能正确配制钙元素的标准溶液、标准使用液； • 会用原子吸收分光光度法和滴定法测定食品中的钙含量。	6

一、钙在人体中的作用

钙离子是维持机体细胞正常功能的重要离子，它在维持细胞膜两侧的生物电位，维持正常的神经传导功能，维持正常的肌肉伸缩与舒张功能以及神经-肌肉传导功能等方面均起到了非常重要的作用。

它的主要生理功能表现在如下。

(1) 维持正常的肌细胞功能，保证肌肉的收缩与舒张功能正常。

(2) 对于心血管系统，钙离子通过细胞膜上的钙离子通道，进入细胞内，通过一系列生化反应，主要是有加强心肌收缩力，加快心率，加快传导的作用。

(3) 钙离子对于骨骼的生长发育有着重要的作用。在年轻时，这主要受激素（降钙素、甲状旁腺素等）的调节。老年人骨骼钙易流失，因此骨骼变脆，变得容易骨折。

二、食品中钙含量的测定方法

食品中钙的测定有原子吸收分光光度法、滴定法（EDTA 法）两种国家标准方法，两种方法都适用于各种食品中钙的测定。

1. 原子吸收分光光度法

分析方法参照 GB/T 5009.92—2003《食品中钙的测定》第一法。

(1) 原理　样品经过湿法消化后，导入原子吸收分光光度计中，经火焰原子化后，吸收 422.7nm 的共振线，其吸收量的大小与其含量成正比，与标准曲线比较定量。

(2) 仪器和试剂

① 仪器　原子吸收分光光度计

② 试剂

a. 混合酸消化液　高氯酸-硝酸消化液，硝酸：高氯酸＝4：1

b. 0.5moL/L 硝酸溶液　量取 32mL 硝酸，加水并稀释定容至 1000mL。

c. 20g/L 氧化镧溶液　称取 20.45g 氧化镧（纯度大于 99.99%），先加少量水溶解后，再加 75mL 盐酸于 1000mL 容量瓶中，加水稀释至刻度。

d. 钙标准储备液　精确称取 1.2486g 碳酸钙（纯度大于 99.99%），加 50mL 水后，再加盐酸溶解，移入 1000mL 容量瓶中，加 20g/L 氧化镧溶液稀释至刻度。此溶液每毫升相当于 500μg 钙。

e. 钙标准使用液　准确吸取5.0mL钙标准储备液，置于100mL容量瓶中，加入20g/L氧化镧溶液稀释至刻度，混匀。此溶液中每毫升含钙25μg。

（3）操作步骤

① 样品处理

a. 精确称取均匀样品干样0.5～1.5g（湿样2.0～4.0g，饮料等液体样品5.0～10.0g）转移于250mL烧杯中，加高氯酸-硝酸消化液20～30mL，上盖表面皿。在电热板或沙浴上加热消化。如未消化好而酸液过少时，再补加几毫升混合酸消化液，继续加热消化，直至无色透明为止。加几毫升水，加热以除去多余的硝酸。待烧杯中的液体接近2～3mL时，取下冷却。用20g/L氧化镧溶液稀释定容于10mL刻度试管中。

b. 取与消化样品相同量的混合酸消化液，按上述方法作试剂空白实验溶液。

② 测定

a. 钙的系列标准溶液配制　准确吸取钙标准使用液1.0mL、2.0mL、3.0mL、4.0mL、6.0mL（相当于含钙量0.5μg、1.0μg、1.5μg、2.0μg、3.0μg），分别置于50mL具塞试管中，依次加入20g/L氧化镧溶液稀释至刻度，摇匀。

b. 仪器参数的选择　波长：422.7nm；光源：可见光；火焰：空气-乙炔。灯电流、狭缝、空气-乙炔流量及灯头高度均按仪器说明调至最佳状态。

c. 标准曲线的绘制　将不同浓度钙的系列标准溶液分别导入火焰原子化器中进行测定。记录其对应的吸光度值，以钙的含量为横坐标，吸光光度值为纵坐标，绘制出标准曲线。

d. 样品测定　将消化样品溶液和空白溶液分别导入火焰原子化器中进行测定，记录其对应的吸光度值，以测出的吸光度在标准曲线上查得对应的样品溶液和空白溶液中的钙含量

（4）计算

$$X=\frac{(c_1-c_2)Vf\times100}{m\times1000}$$

式中　X——样品中钙元素的含量，mg/100g；

c_1——测定用样品溶液中钙元素的浓度（由标准曲线查出），μg/mL；

c_2——空白溶液中钙元素的浓度（由标准曲线查出），μg/mL；

V——样品定容的总体积，mL；

f——稀释倍数；

m——样品质量，g。

注：在重复性条件下获得的两次独立测定结果的绝对差值不得超过算术平均值的10%。

（5）说明

① 实验所用玻璃仪器需用硫酸-重铬酸钾洗液浸泡几个小时，再用洗衣粉充分洗刷，而后用水反复冲洗，最后用去离子水冲洗、烘干后方可使用。

② 试样制备过程中应防止各种污染，所用的仪器必须是不锈钢制品，容器应是玻璃的或聚乙烯制品，鲜样（如蔬菜、水果、鲜鱼、鲜肉等）用水冲洗干净后，要用去离子水充分洗净。干粉类样品（如面粉、奶粉等）取样后立即装容器密封保存，防止空气中的灰尘和水分污染。

③ 本方法最低检出限为0.1μg，线性范围为0.5～2.5μg。

2. 滴定法（EDTA 法）

分析方法参照 GB/T 5009.92—2003《食品中钙的测定》第二法。

（1）原理　钙可以与氨羧络合剂定量地形成金属配合物，该配合物的稳定性比钙与指示剂所形成的配合物的稳定性强。在一定的 pH 值范围内，以氨羧络合剂 EDTA 滴定，在达到等量点时，EDTA 就从指示剂配合物中夺取钙离子，使溶液呈现游离指示剂的颜色。根据 EDTA 络合剂的使用量，可计算出钙的含量。

（2）仪器与试剂

① 仪器　碱式滴定管、电热板。

② 试剂

a. 1.25moL/L 氢氧化钾溶液　精确称取 70.13g 氢氧化钾，用水稀释至 1000mL。

b. 10g/L 氰化钠溶液　称取 1.0g 氰化钠，用水稀释至 100mL。

c. 0.05moL/L 柠檬酸钠溶液　称取 14.7g 柠檬酸钠，用水稀释至 1000mL。

d. 混合酸消化液　高氯酸∶硝酸＝1∶4（体积比）。

e. EDTA 溶液　精确称取 4.50g 乙二胺四乙酸二钠，用水稀释至 1000mL，储存用聚乙烯瓶，4℃保存，使用时稀释 10 倍。

f. 钙标准溶液　精确称取 0.1248g 碳酸钙（纯度大于 99.99%，105～110℃烘干 2h），加 20mL 水及 3mL 0.5moL/L 盐酸溶解，移入 500mL 容量瓶中，加水稀释至刻度。此溶液每毫升相当于 100μg 钙。储存时用聚乙烯瓶，4℃保存。

g. 钙红指示剂　称取 0.1g 钙红指示剂，用水稀释至 100mL，溶解后使用。储存于冰箱中可保持一个半月以上。

（3）分析步骤

① 样品处理　同与原子吸收分光光度法的样品处理。

② 标定 EDTA 溶液的浓度：吸取 0.5mL 钙标准溶液，以 EDTA 溶液滴定，标定其 EDTA 的浓度，根据滴定结果计算出每毫升 EDTA 溶液相当于钙的质量（mg），即滴定度（T）。

$$T=\frac{0.5\times c}{V\times 1000}$$

式中　T——滴定度，1mL 的 EDTA 溶液相当于钙的质量，mg；

0.5——钙标准溶液的体积，mL；

c——钙标准溶液的浓度，μg/mL；

V——消耗 EDTA 溶液的体积，mL。

③ 样品测定　分别吸取 0.1～0.5mL（根据样品中钙的含量的多少而定）样品消化液和空白消化液于试管中，加入 1 滴氰化钠溶液和 0.1mL 柠檬酸钠溶液，用滴定管加 1.5mL 氢氧化钾（1.25moL/L）溶液，并加 3 滴钙红指示剂，立即用稀释 10 倍后 EDTA 溶液滴定，至指示剂由紫红色变蓝为滴定终点，记录 EDTA 溶液的使用量。

（4）计算

$$X=\frac{(V_1-V_0)Tf\times 100}{m}$$

式中　X——样品中钙元素的含量，mg/100g；

T——EDTA 的滴定度，mg/mL；

V_1——滴定样品消化液时所用 EDTA 溶液的量，mL；

V_0——滴定空白消化溶液时所用 EDTA 溶液的量，mL；

f——样品稀释倍数；

m——样品质量，g。

注：计算结果精确到小数点后两位。在重复条件下获得的两次独立实验的差值不超过 10％。

任务工单十六　食品中钙含量的测定

任务名称		学时	
学生姓名		班级	
实训场地		日期	
客户任务			
任务目的			

一、资讯

1. 钙是人体必需的__________营养元素。

2. 钙对人体有何生理作用？

3. 简述利用原子吸收光度法测定钙含量的原理。

4. 测定食品中钙含量时如何进行样品的预处理？

二、决策与计划

请根据检验对象和检测任务，确定检验的标准方法和所需要的检测仪器、试剂，并对小组成员合理分工，制定详细的工作计划。

1. 采用的标准方法：

2. 需要的检测仪器、试剂：

3. 写出小组成员分工、实际工作的具体步骤，注意计划好先后次序：

三、实施

1. 样品：

2. 测定：

3. 测量过程中把原始数据记录在下表中：

项目：　　　　　　　　　　　　　　　　　　　　　　　　日期：
样品：　　　　　　　　　　　　　　　　　　　　　　　　方法：

4. 计算公式为____________________。

5. 根据原始数据填写检验报告单：

检验报告单

编号：

样品名称		检验项目	
生产单位		检验依据	
生产日期及批号		检验日期	
检验结果：			
结论：			

四、检查

1. 根据考核标准，对整个实训过程中出现的问题进行总结。

2. 各组根据各自的检测对象不同，相互交流检验方法。

五、评估

1. 请根据自己任务的完成情况，对自己的工作进行自我评估，并提出改进建议。

2. 组内成员之间相互评估。

3. 教师对小组工作情况进行评估，并进行点评。

4. 学生本次完成任务得分：____________________。

任务十七　植物性食品中有机磷农药含量的测定

知识要求	技能要求	参考学时
●了解农药的种类、农药残留的定义； ●了解农药的常用测定方法； ●理解气相色谱法测定有机磷农药的原理； ●掌握气相色谱法测定有机磷农药的操作方法。	●可正确操作色相色谱仪； ●会用气相色谱法测定食品中的有机磷农药残留量。	6

一、有机磷农药的种类

食品中常见的有机磷农药的种类有：敌敌畏、乐果、马拉硫磷、对硫磷、甲拌磷、稻瘟净、杀螟硫磷、倍硫磷、虫螨磷等。

二、植物性食品中有机磷农药含量的测定方法（气相色谱法）

分析方法参照GB/T 5009.145—2003《植物性食品中有机磷和氨基甲酸酯类农药多种残留的测定》。

1. 原理

试样中有机磷农药用有机溶剂提取，再经液液分配、微型柱净化等步骤除去干扰物质，用氮磷检测器（FTD）检测，根据色谱峰的保留时间定性，外标法定量。

2. 试剂

（1）丙酮　重蒸。

（2）二氯甲烷　重蒸。

（3）乙酸乙酯　重蒸。

（4）甲醇　重蒸。

（5）正己烷　重蒸。

（6）磷酸　A. R.。

（7）氯化钠　A. R.。

（8）无水硫酸钠　A. R.。

（9）氯化铵　A. R.。

（10）硅胶：60～80目，130℃烘2h，浸泡在5%水中使硅胶失活。

（11）助滤剂：celite 545。

（12）凝结液：5g氯化铵+10mL磷酸+100mL水，混合，用前稀释5倍。

（13）农药标准品　见表17-1。

（14）农药标准溶液的配制　分别准确称取表17-1中的标准品，用丙酮为溶剂，分别配制成 1mg/mL 标准储备液，储于冰箱中，使用时用丙酮稀释配成单品种的标准使用液。再根据各农药品种在仪器上的检测情况，吸收不同量的标准储备液，用丙酮稀释成混合标准使用液。

表 17-1　农药标准品

农药名称	纯　度	农药名称	纯　度
乙酰甲胺磷	≥99%	甲基对硫磷	≥99%
敌敌畏	≥99%	马拉氧磷	≥96.1%
速灭威	≥99%	毒死蜱	≥99%
甲基内吸磷	≥98%	甲基嘧啶磷	≥99%
甲拌磷	≥99%	倍硫磷	≥99%
久效磷	≥99%	马拉硫磷	≥99%
乐果	≥98%	对硫磷	≥98%
仲丁威	≥99%	杀扑磷	≥99%
异丙威	≥99%	克线磷	≥99%
甲萘威(西维因)	≥99%	乙硫磷	≥99%

3. 仪器

组织捣碎机，离心机，超声波清洗器，旋转蒸发仪，气相色谱仪：附氮磷检测器(FTD)。

4. 操作方法

(1) 试样的制备　粮食用粉碎机粉碎，过 20 目筛制成粮食试样。蔬菜擦去表层泥水，取可食部分匀浆制成分析试样。

(2) 提取

① 蔬菜

方法一：称取 10g 试样于三角瓶中，加入与试样含水量之和为 10g 的水和 20mL 丙酮。振荡 30min，抽滤，取 20mL 滤液于分液漏斗中。

方法二：称取 5g 试样（视试样中农药残留量而定），置于 50mL 离心管中，加入与试样含水量之和为 5g 的水和 10mL 丙酮。置于超声波清洗器中，超声提取 10min。在 5000r/min 转速下离心使蔬菜沉降，用移液管吸出上清液 10mL 至分液漏斗中。

② 粮食　称取 20g 试样于三角瓶中，加入 5g 无水硫酸钠和 100mL 丙酮。振荡提取 30min，过滤后取 50mL 滤液于分液漏斗中。

(3) 净化　向“方法一”的分液漏斗中加入 40mL 凝结液和 1g 助滤剂 celite 545，或向“方法二”的分液漏斗中分别加入 20mL 凝结液和 1g 助滤剂 celite 545，轻摇后放置 5min，经两层滤纸的布氏漏斗抽滤，并用少量凝结液洗涤分液漏斗和布氏漏斗。将滤液转移至分液漏斗中，加入 3g 氯化钠，依次用 50mL、50mL、30mL 二氯甲烷提取，合并 3 次二氯甲烷提取液，经无水硫酸钠漏斗过滤至浓缩瓶中，在 35℃ 水浴的旋转蒸发仪上浓缩至少量，用氮气吹干。取下浓缩瓶，加入少量正己烷。以少许棉花塞住 5mL 医用注射器的出口，1g 硅胶用正己烷湿法装柱，敲实，将浓缩瓶中的液体倒入，再以少量正己烷-二氯甲烷（9∶1）洗涤浓缩瓶，倒入柱中。依次以 4mL 正己烷-丙酮（7∶3）、4mL 乙酸乙酯、8mL 丙酮-乙酸乙酯（1∶1）、4mL 丙酮-甲醇（1∶1）洗柱，汇集全部滤液经旋转蒸发仪 45℃ 水浴浓缩近干，定容至1mL。

向上述“②粮食”的分液漏斗中加入50mL 5%氯化钠溶液，再以50mL、50mL、30mL二氯甲烷提取3次，合并二氯甲烷层经无水硫酸钠过滤后，在旋转蒸发仪40℃水浴上浓缩近干，定容至1mL。

(4) 测定

① 气相色谱参考条件

a. 色谱柱　BP5或OV-101 25m×0.32mm（内径）石英弹性毛细管柱。

b. 气体流速　氮气：50mL/min；尾吹气（氮气）：30mL/min；氢气：0.5kg/cm^2；空气：0.3kg/cm^2。

c. 温度　柱温采用程序升温方式：

$$140℃ \xrightarrow{50℃/min} 185℃ \xrightarrow{恒温\ 2min} 185℃ \xrightarrow{2℃/min} 95℃ \xrightarrow{10℃/min} 235℃ \xrightarrow{恒温\ 1min} 235℃$$

进样口温度240℃

d. 检测器　氮磷检测器（FTD）。

② 色谱分析　量取1μL混合标准溶液及试样净化液注入色谱仪中，以保留时间定性，以试样峰高或峰面积与标准比较定量。

③ 常见有机磷农药色谱图　见图17-1，图中各农药名称前的数字表示保留时间（单位为min）。

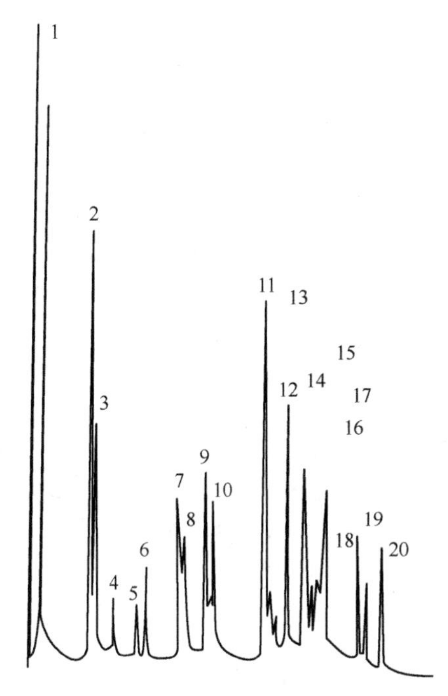

图17-1　常见有机磷农药色谱图

1—2.062甲胺磷；2—3.775乙酰甲胺磷；3—4.097敌百虫；4—5.058叶蝉散；5—6.163仲丁威；6—6.5甲基内吸磷；7—7.688甲拌磷；8—7.797久效磷；9—8.41乐果；10—8.575甲基对硫磷；11—12.288马拉氧磷；12—12.745毒死蜱；13—13.367甲萘威；14—14.18甲基嘧啶磷；15—14.353倍硫磷；16—14.827马拉硫磷；17—15.027对硫磷；18—18.28杀扑磷；19—19.412乙硫磷；20—21.293克线磷

5. 结果计算

（1）计算

$$X_i=\frac{h_i E_{si}\times 1000}{h_{si} m f}$$

式中　X_i——i 组分有机磷农药的含量，mg/kg；

h_i——试样中 i 组分的峰高或峰面积；

h_{si}——标样中 i 组分的峰高或峰面积；

E_{si}——标样中 i 组分的量，ng；

m——试样量，g；

f——换算系数，粮食为1/2，蔬菜为2/3。

（2）精密度和准确度　将16种有机磷和4种氨基甲酸酯农药混合标准液（指示剂中20种标准品的混合溶液）分别加入到大米、西红柿、白菜中进行精密度和准确度试验，添加回收率在73.38%～108.22%之间，变异系数在2.17%～7.69%之间。

任务工单十七　植物性食品中有机磷农药含量的测定

任务名称		学时	
学生姓名		班级	
实训场地		日期	
客户任务			
任务目的			

一、资讯

1. 常用的有机磷农药有__________、__________、__________、__________等。
2. 有机磷农药的测定方法有__________、__________。
3. 测定有机磷农药时，不同的样品如何进行前处理？

4. 简述气相色谱仪的工作原理。

5. 如何对样品处理液进行浓缩处理？

二、决策与计划

请根据检验对象和检测任务，确定检验的标准方法和所需要的检测仪器、试剂，并对小组成员合理分工，制定详细的工作计划。

1. 采用的标准方法：

2. 需要的检测仪器、试剂：

3. 写出小组成员分工、实际工作的具体步骤，注意计划好先后次序：

三、实施

1. 样品：

2. 测定：

3. 测量过程中把原始数据记录在下表中：

项目：　　　　　　　　　　　　　　　　　　　　　　日期：
样品：　　　　　　　　　　　　　　　　　　　　　　方法：

4. 计算公式为________________。
5. 根据原始数据填写检验报告单：

检验报告单

编号：

样品名称		检验项目	
生产单位		检验依据	
生产日期及批号		检验日期	

检验结果：

结论：

四、检查

1. 根据考核标准，对整个实训过程中出现的问题进行总结。

2. 各组根据各自的检测对象不同，相互交流检验方法。

五、评估

1. 请根据自己任务的完成情况，对自己的工作进行自我评估，并提出改进建议。

2. 组内成员之间相互评估。

3. 教师对小组工作情况进行评估，并进行点评。

4. 学生本次完成任务得分：________________。

任务十八　食品中黄曲霉毒素含量的测定

知识要求	技能要求	参考学时
●了解黄曲霉毒素的产生原因； ●了解黄曲霉毒素的分类； ●理解薄层色谱法测定黄曲霉毒素含量的原理。	●能配制黄曲霉毒素的标准溶液、标准使用液； ●会用薄层色谱法测定食品中的黄曲霉毒素含量，并对食品品质进行判断。	6

一、基本概念

黄曲霉毒素（AFT）是一类化学结构类似的化合物，均为二氢呋喃香豆素的衍生物。主要由黄曲霉、寄生曲霉产生的次生代谢产物。目前已发现 17 种黄曲霉毒素。根据其在波长为 365nm 紫外线下呈现不同颜色的荧光而分为黄曲霉毒素 B、黄曲霉毒素 G 两大类：B 类在紫外线照射下呈现蓝紫色荧光，G 类则呈绿色荧光。

黄曲霉毒素的分子量为 312～346，难溶于水、易溶于油、甲醇、丙酮和氯仿等有机溶剂，但不溶于石油醚、己烷和乙醚中。一般在中性溶液中较稳定，但在强酸性溶液中稍有分解，在 pH9～10 的强碱溶液中分解迅速。其纯品为无色结晶，耐高温，另外紫外线对低浓度黄曲霉毒素有一定的破坏性。

二、黄曲霉毒素的毒性作用

黄曲霉毒素的毒性作用远远高于氰化物、砷化物和有机农药的毒性，其中以黄曲霉毒素 B_1 毒性最大。当摄入量大时，可发生急性中毒，出现急性肝炎、出血性坏死、肝细胞脂肪变性和胆管增生。当微量持续摄入，可造成慢性中毒，生长障碍，引起纤维性病变，致使纤维组织增生。黄曲霉毒素 B_1 的致癌力也居首位，是目前已知最强致癌物之一。

三、食品中的黄曲霉毒素

黄曲霉毒素主要污染粮油及其制品，如花生、花生油、玉米、大米、棉籽等，此外各种植物性与动物性食品也能被广泛污染，如在杏仁、高粱、小麦、豆类、皮蛋、奶与奶制品、干咸鱼及辣椒中均有黄曲霉毒素污染。其污染程度与各种作物生物学特性和化学组成以及成熟期所处的气候条件有很大关系。一般来说，富含脂肪的粮食易产生黄曲霉毒素。此外，收获季节高温、高湿，也易造成黄曲霉毒素的污染。黄曲霉毒素在食品中允许量各国都有严格规定。根据我国食品安全国家标准，食品中的黄曲霉毒素 B_1 的允许量见表 18-1。

四、黄曲霉毒素的测定

黄曲霉毒素的国家标准测定方法有薄层色谱法、微柱筛选法、高效液相色谱法等，下面介绍薄层色谱法测定食品中黄曲霉毒素。

分析方法参照 GB/T 5009.24—2010《食品中黄曲霉毒素 M_1 和 B_1 的测定》。

1. 原理

样品中黄曲霉毒素经提取、浓缩、薄层分离后，在 365nm 的紫外线下，黄曲霉毒素 M_1

黄曲霉毒素 B_1 产生蓝紫色荧光，根据其在薄层上显示荧光的最低检出量来进行定量分析。

2. 试剂

（1）甲醇　分析纯。

表 18-1　食品中黄曲霉毒素 B_1 限量指标

食品类别(名称)	限量/(μg/kg)
谷物及其制品	
玉米、玉米面(渣、片)及玉米制品	20
稻谷①、糙米、大米	10
小麦、大麦、其它谷物	5.0
小麦粉、麦片、其它去壳谷物	5.0
豆类及其制品	
发酵豆制品	5.0
坚果及籽类	
花生及其制品	20
其它熟制坚果及籽类	5.0
油脂及其制品	
植物油脂(花生油、玉米油除外)	10
花生油、玉米油	20
调味品	
酱油、醋、酿造酱(以粮食为主要原料)	5.0
特殊膳食用食品	
婴幼儿配方食品	
婴儿配方食品②	0.5(以粉状产品计)
较大婴儿和幼儿配方食品②	0.5(以粉状产品计)
特殊医学用途婴儿配方食品	0.5(以粉状产品计)
婴幼儿辅助食品	
婴幼儿谷类辅助食品	0.5

① 稻谷以糙米计。
② 以大豆及大豆制品为主要原料的产品。

（2）石油醚　分析纯。

（3）三氯甲烷　分析纯。

（4）无水硫酸钠　分析纯。

（5）异丙醇　分析纯。

（6）硅胶 G　色谱分离用。

（7）氯化钠溶液　40g/L。

（8）硫酸　1∶3。

（9）玻璃砂　用酸处理后洗净干燥，约相当 20 目。

（10）黄曲霉毒素 M_1 标准溶液：用三氯甲烷配制成每毫升相当于 10μg 的黄曲霉毒素

M_1 标准溶液。以三氯甲烷作空白试剂，黄曲霉毒素 M_1 的紫外最大吸收峰的波长应接近 357nm，摩尔消光系数为 19950。避光，置于 4℃冰箱中保存。

（11）黄曲霉毒素 M_1 与黄曲霉毒素 B_1 混合标准使用液　用三氯甲烷配制成每毫升相当于各含 0.04μg 黄曲霉毒素 M_1 与黄曲霉毒素 B_1 的标准使用液，避光，置于 4℃冰箱中保存。

3. 仪器

（1）小型粉碎机。

（2）电动振荡器。

（3）样品筛。

（4）全玻璃浓缩器。

（5）玻璃板　5cm×20cm。

（6）薄层板涂布器。

（7）展开槽　内长 25cm，宽 6cm，高 4cm。

（8）紫外灯　100～125W，带有波长 365nm 滤光片。

（9）微量注射器或血色素吸管。

4. 操作步骤

整个操作需在暗室条件下进行。

（1）样品提取　参照样品提取制备表，见表 18-2。

表 18-2　试样制备

样品名称	称样量/g	加水量/mL	加甲醇量/mL	提取液量/mL	加 40g/L 氯化钠溶液量/mL	浓缩体积/mL	滴加体积/μL	方法灵敏度/(μg/kg)
牛乳	30	0	90	62	25	0.4	100	0.1
炼乳	30	0	90	52	35	0.4	50	0.2
牛乳粉	15	20	90	59	28	0.4	40	0.5
乳酪	15	5	90	56	31	0.4	40	0.5
奶油	10	45	55	80	0	0.4	40	0.5
猪肝	30	0	90	59	28	0.4	50	0.2
猪肾	30	0	90	61	26	0.4	50	0.2
猪瘦肉	30	0	90	58	29	0.4	50	0.2
猪血	30	0	90	61	26	0.4	50	0.2

① 牛乳与炼乳　称取 30.00g 混匀的样品，置于小烧杯中，再分别用 90mL 甲醇移于 300mL 具塞锥形瓶中，盖严防漏。振荡 30min，用折叠式快速滤纸滤于 100mL 具塞量筒中。按表 18-1 收集 62mL 牛乳与 52mL 炼乳（各相当于 16g 样品）提取液。

② 牛乳粉　取 15.00g 样品，置于具塞锥形瓶中，加入 20mL 水，使样品湿润后再加入 90mL 甲醇，以下按①自“振荡 30min……”起，依法操作，按表 18-1 收集 59mL 提取液（相当于 8g 样品）。

③ 乳酪　称取 15.00g 样品，切细、过 10 目圆孔筛后混匀样品，置于具塞锥形瓶中，加 5mL 水和 90mL 甲醇，以下按①自“振荡 30min……”起依法操作，按表 18-1 收集 56mL 提取液（相当于 8g 样品）。

④ 奶油　称取 10.00g 样品，置于小烧杯中，用 40mL 石油醚将奶油溶解并移于具塞锥形瓶中。加 45mL 水和 55mL 甲醇，振荡 30min 后，将全部液体移于分液漏斗中。再加入 1.5g 氯化钠摇动溶解，待分层后，按上表收集 80mL 提取液（相当于 8g 样品）于具塞量筒中。

⑤ 新鲜猪组织　取新鲜或冷冻保存的猪组织样品（包括肝、肾、血、瘦肉）先切细，混匀后称取 30.00g，置于小乳钵中，加玻璃砂少许磨细，新鲜全血用打碎机打匀，或用玻璃珠振摇抗凝。混匀后称取 30.00g，将各样品置于 300mL 具塞锥形瓶中，加入 90mL 甲醇，以下按①自“振荡 30min……”起，依法操作。按表 18-1 收集 59mL 猪肝、61mL 猪肾、58mL 猪瘦肉及 61mL 猪血等提取液（各相当于 16g 样品）。

（2）净化

① 用石油醚分配净化　将前一步骤收集的提取液移入 250mL 分液漏斗中，再按表 18-1 加入相应体积的氯化钠溶液（40g/L）。再加入 40mL 石油醚，振摇 2min，待分层后，将下层甲醇-氯化钠水层移于原量筒中，将上层石油醚溶液从分液漏斗上口倒出，弃去。再将量筒中溶液转移于原分液漏斗中，再重复用石油醚提取两次，每次 30mL，最后将量筒中溶液转移于分液漏斗中。如果样品为奶油样液总共用石油醚提取两次，每次 40mL。

② 用三氯甲烷分配提取　接上述操作，于量筒中加入 20mL 三氯甲烷，摇匀后，再倒入原分液漏斗中，振摇 2min。待分层后，将下层三氯甲烷移于原量筒中，再重复用三氯甲烷提取两次（每次 10mL），合并提取液于原量筒中。上层甲醇水溶液弃去。

③ 用水洗三氯甲烷层与浓缩制备　将合并后的三氯甲烷层倒回原分液漏斗中，加入 30mL 氯化钠溶液（40g/L），振摇 30s，静置。待上层浑浊液有部分澄清时，即可将下层三氯甲烷层收集于原量筒中。然后加入 10g 无水硫酸钠，振摇放置澄清，将此液经装有少许无水硫酸钠的定量慢速滤纸过滤于 100mL 蒸发皿中。氯化钠水层用 10mL 三氯甲烷提取一次，并经过滤器一并滤于蒸发皿中。最后将无水硫酸钠也一起倒于滤纸上，用少量三氯甲烷洗量筒与无水硫酸钠，也一并滤于蒸发皿中，于 65℃水浴上通风使之挥发干，用三氯甲烷将蒸发皿中残留物转移于浓缩管中，如蒸发皿中残渣太多，则需经滤纸滤入浓缩管中。于 65℃用减压吹气法将此液浓缩至 0.4mL 以下，再用少量三氯甲烷洗管壁后，浓缩定量至 0.4mL 备用。

（3）测定

① 薄层板的制备　称取约 3g 硅胶 G，加相当于硅胶量 2～3 倍的水，研磨 1～2min，至成糊状后立即倒于涂布器内，推成 5cm×20cm、厚度约为 0.3mm 的薄层板三块。空气中干燥约 15min 后在 105℃活化 2h 取出，放干燥器中保存。一般可保存 1～2d，若放置时间较长，可再活化后使用。

② 点样　取薄层板（5cm×20cm）两块，距板下端 3cm 的基线上点样，在距各板左边缘 0.8～1cm 处各滴加 10μL 黄曲霉毒素 M_1 与黄曲霉毒素 B_1 混合标准使用液（第一点），在距各板左边缘 2.8～3cm 处各滴加同一样液点（第二点）（不同食品的滴加体积见

表 18-1)，在第二板的第二点上再滴加 10μL 黄曲霉毒素 M_1 与黄曲霉毒素 B_1 混合标准使用液。一般可将薄层板放在盛有干燥硅胶的层析槽内进行滴加，边加边用冷风机冷风吹干。

③ 展开

a. 横展　在槽内加入 15mL 事先用无水硫酸钠脱水的无水乙醚（每 500mL 无水乙醚中加 20g 无水硫酸钠)。将薄层板靠近标准点的长边置于槽内，展至板端后，取出使之挥发干，再同上操作展开一次。

b. 纵展　将横展两次挥发干后的薄层板再用异丙醇-丙酮-苯-正己烷-石油醚（沸程 60～90℃）-三氯甲烷（体积比为 5∶10∶10∶10∶10∶55）混合展开剂纵展至前沿距原点距离为 10～12cm 时取出挥发干。

c. 横展　将纵展挥发干后的板再用乙醚横展 1～2 次，展开方法同 a 操作。

④ 观察与评定结果

a. 在紫外灯下将第一、二板相互比较观察，若第二板的第二点在黄曲霉毒素 M_1 与黄曲霉毒素 B_1 标准点的相应处出现最低检出量（M_1 与 B_1 的比移值分别为 0.25 和 0.43)，而在第一板相同位置上未出现荧光点，则样品中黄曲霉毒素 M_1 与黄曲霉毒素 B_1 含量在其所定的方法灵敏度以下（见表 18-1)。

b. 如果第一板的相同位置上出现黄曲霉毒素 M_1 与黄曲霉毒素 B_1 的荧光点，则看第二板第二点的样液点是否与滴加的标准点重叠，如果重叠，再进行以下的定量与确证试验。

⑤ 稀释定量　样液中的黄曲霉毒素 M_1 与黄曲霉毒素 B_1 荧光点的荧光强度与黄曲霉毒素 M_1 与黄曲霉毒素 B_1 的最低检出量（0.0004μg）的荧光强度一致，则乳、炼乳、乳粉、干酪与奶油样品中黄曲霉毒素 M_1 与黄曲霉毒素 B_1 的含量依次为 0.1μg/kg、0.2μg/kg、0.5μg/kg、0.5μg/kg 及 0.5μg/kg；新鲜猪组织（肝、肾、血、瘦肉）样品均为 0.2μg/kg（见表 18-1)。如样液中黄曲霉毒素 M_1 与黄曲霉毒素 B_1 的荧光强度比最低检出量强，则根据其强度逐一进行测定，估计减少滴加体积（μL）数或经稀释后再滴加不同体积（μL）数，直至样液点的荧光强度与最低检出量点的荧光强度一致为止。

⑥ 确证试验　在做完定性或定量的薄层板上，将要确证的黄曲霉毒素 M_1 和黄曲霉毒素 B_1 的点用大头针圈出。喷以硫酸溶液（1∶3)，放置 5min 后，在紫外灯下观察，若样液中黄曲霉毒素 M_1 和黄曲霉毒素 B_1 点与标准点一样均变为黄色荧光，则进一步确证检出的荧光点是黄曲霉毒素 M_1 和黄曲霉毒素 B_1。

5. 计算

$$X=0.0004\times\frac{V_1}{V_2}\times D\times\frac{1000}{m}$$

式中　X——黄曲霉毒素 M_1 或黄曲霉毒素 B_1 含量，μg/kg；

V_1——样液浓缩后体积，mL；

V_2——出现最低荧光样液的滴加体积，mL；

D——浓缩样液的总稀释倍数；

m——浓缩样液中所相当的试样质量，g；

0.0004——黄曲霉毒素 M_1 或黄曲霉毒素 B_1 的最低检出量，μg。

6. 说明

① 在气候潮湿的情况下，薄层板需要当天活化，点样时在盛有硅胶干燥剂的展开槽内进行。

② 所用玻璃器皿如果受污染，要用5%次氯酸钠浸泡5min来消毒，然后用水冲洗干净。时间不宜过长，否则玻璃变成不透明状；试验完毕后应用5%次氯酸钠清洗和消毒实验台；如果万一手被污染，可用次氯酸钠溶液搓洗，再用肥皂水洗净。

任务工单十八　食品中黄曲霉毒素含量的测定

任务名称		学时	
学生姓名		班级	
实训场地		日期	
客户任务			
任务目的			

一、资讯

1. 根据其在波长为 365nm 紫外线下呈现不同颜色的荧光而分为 B、G 两大类：B 类在紫外线照射下呈现__________荧光；G 类则呈__________荧光。
2. 黄曲霉毒素中毒性最强的是________________。
3. 举出一些容易污染黄曲霉毒素的食品，及其黄曲霉毒素的测定方法。

4. 简述薄层色谱法测定黄曲霉毒素的原理。

剪切线

二、决策与计划

请根据检验对象和检测任务，确定检验的标准方法和所需要的检测仪器、试剂，并对小组成员合理分工，制定详细的工作计划。

1. 采用的标准方法：

2. 需要的检测仪器、试剂：

3. 写出小组成员分工、实际工作的具体步骤，注意计划好先后次序：

三、实施

1. 样品：

2. 测定：

3. 测量过程中把原始数据记录在下表中：

项目：　　　　　　　　　　　　　　　　　　日期：
样品：　　　　　　　　　　　　　　　　　　方法：

4. 计算公式为________________。
5. 根据原始数据填写检验报告单：

检验报告单

编号：

样品名称		检验项目	
生产单位		检验依据	
生产日期及批号		检验日期	
检验结果：			
结论：			

四、检查

1. 根据考核标准，对整个实训过程中出现的问题进行总结。

2. 各组根据各自的检测对象不同，相互交流检验方法。

五、评估

1. 请根据自己任务的完成情况，对自己的工作进行自我评估，并提出改进建议。

2. 组内成员之间相互评估。

3. 教师对小组工作情况进行评估，并进行点评。

4. 学生本次完成任务得分：________________。

剪切线

第二部分
综合实训项目[1]

[1] 要求学生根据专业主攻方向从以下实训项目中任选一个，然后组建实训小组，完成实训任务，并上交项目实训报告书。

综合实训一　乳制品的理化检验

知识要求	技能要求	参考学时
●掌握前期所学相关知识； ●了解乳制品的国家标准及相关指标的检测标准； ●了解乳制品的行业标准。	●能独立查阅相关参考资料，确定某种乳制品的检验任务及该任务的检验方法； ●通过小组合作确定该食品出厂检验任务所需仪器、试剂； ●会整体考虑项目实施的时间、人员安排及完整的操作步骤； ●会对检验结果进行处理并依据相关标准判定该食品的品质。	32

一、实训项目名称

巴氏杀菌乳的理化检验。

二、实训项目目标

1. 学生能运用所学食品理化检验和乳品加工的相关知识，在教师指导下组织实训和完成实训方案。

2. 学生能利用收集到的资料，分析乳制品出厂检验的相关能力要求并能在后面的学习中有重点地学习。

3. 使学生学会对资料、数据进行测定、分析与处理，从而得到切合实际的结论。

三、实训项目中的具体任务

1. 在对乳制品进行理化检验前，学生或学生小组收集相关资料，并能进行初步分析乳制品理化检验的具体工作任务。

2. 教师对学生的分析结果进行评价。

3. 学生在完成实训项目任务时，要求以具体的乳品企业进行乳品检验的各工作任务为基础材料，完成各个工作任务。

4. 教师对学生的项目完成情况进行评价。

四、教师的知识和能力要求

1. 教师介绍相关知识要点和本次实训的背景和相关要素。

2. 给每个学生或学生组确定实训项目后，教师应提出具体的要求与方法。

五、学生的知识和能力准备

1. 学生根据本次实训要求，事先了解相关知识，在参观了乳品企业的理化检验室后能有初步的感受，分析所需具备的各类工作能力。

2. 学生将项目实训结果以检验报告单的形式上交，接受教师和同学的提问。最后再进行完善并上交结题作业。

六、实训仪器与设备

乳制品出厂检验所需要的主要设备：天平、蛋白质测定装置、脂肪测定装置、干燥箱、不溶度指数搅拌器、离心机、杂质度过滤机、分光光度计。

七、实施步骤与技术要点

1. 教师介绍相关知识要点和本次实训的背景和相关要素。

（1）乳制品发证范围的确定和审证单元的划分　实施食品生产许可证管理的乳制品包括：巴氏杀菌乳、灭菌乳、酸牛乳、乳粉、炼乳、奶油、干酪。乳制品的审证单元为3个：液体乳，包括巴氏杀菌乳、灭菌乳、酸牛乳；乳粉，包括全脂乳粉、脱脂乳粉、全脂加糖乳粉、调味乳粉；其它乳制品，包括炼乳、奶油、干酪。

在生产许可证上应当注明获证产品名称即乳制品审证单元名称和产品品种。如其它乳制品类发证时应标注到产品品种，如：炼乳、奶油、干酪。乳制品生产许可证有效期为3年。下面以巴氏杀菌乳为例，介绍理化检测实施的步骤与技术要点。巴氏杀菌乳分为全脂巴氏杀菌乳、部分脱脂巴氏杀菌乳、脱脂巴氏杀菌乳。

（2）产品检验项目　巴氏杀菌乳涉及的国家标准为：GB 19645—2010《巴氏杀菌乳》、GB 14880—1994《食品营养强化剂使用卫生标准》、GB 7718—2010《预包装食品标签通则》。其中GB 14880、GB 7718为强制性国家标准，GB 19645为部分条文强制性国家标准。巴氏杀菌乳质量检验包括以下项目（见表实1-1）。

① 推荐性指标　脂肪、蛋白质、非脂乳固体、酸度、杂质度、感官。

② 强制性指标　硝酸盐、亚硝酸盐、黄曲霉毒素M_1、菌落总数、大肠菌群、致病菌、标签、净含量。

注：强制性指标和推荐性指标的依据标准是GB 19645—2010。

乳制品的发证检验、监督检验、出厂检验分别按照《乳制品生产许可证审查细则》中所列出的相应检验项目进行。企业的出厂检验项目中注有“*”标记的，企业应当每年检验两次。

表实1-1　巴氏杀菌乳质量理化检验项目

序号	检验项目	发证	监督	出厂	备注
1	感官	√	√	√	
2	净含量	√	√	√	
3	脂肪	√	√	√	
4	蛋白质	√	√	√	
5	非脂乳固体	√	√	√	
6	酸度	√	√	√	
7	杂质度	√	√	√	
8	硝酸盐	√	√	*	
9	亚硝酸盐	√	√	*	
10	黄曲霉毒素M_1	√	√		

注：依据标准GB 5408.1、GB 19645—2010等。

（3）产品检验判定原则　产品发证检验应当按照国家标准、行业标准进行判定。

检验项目全部符合规定，判为符合发证条件；检验项目中有1项或者1项以上不符合规定的，判为不符合发证条件。

产品监督检验按监督检验项目进行。检验项目全部符合标准规定的，判为合格；检验项目中有 1 项或者 1 项以上不符合标准规定的，判为不合格。

2. 要求学生根据本次实训要求分析在实际情景下如何安排巴氏杀菌乳的出厂检验

包括检验项目、检验方法、具体的仪器与试剂、具体的检验步骤、人员和时间的安排、检验结果报告等。

3. 教师对实训项目进行点评，提出思考问题，引导学生掌握基础的理化检验能力。

八、考核或评价标准

通过项目实施过程中的表现和最后形成的项目实施报告来综合评定成绩（见图实 1-1）。

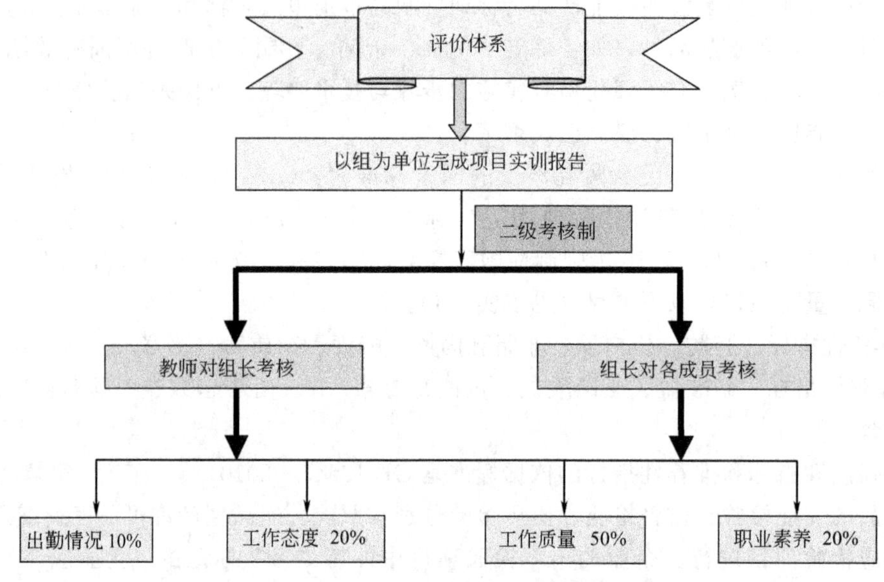

图实 1-1　项目实训报告评价表

综合实训二　肉制品的理化检验

知识要求	技能要求	参考学时
●掌握前期所学相关知识； ●了解肉制品的国家标准及相关指标的检测标准； ●了解肉制品的行业标准。	●能独立查阅相关参考资料，确定某种肉制品的检验任务及该任务的检验方法； ●通过小组合作确定该食品出厂检验任务所需仪器、试剂； ●会整体考虑项目实施的时间、人员安排及完整的操作步骤； ●会对检验结果进行处理并依据相关标准判定该食品的品质。	32

一、实训项目名称

腊肉的理化检验。

二、实训项目目标

1. 学生能运用所学食品理化检验和肉制品加工的相关知识，在教师指导下组织实训和完成实训方案。

2. 学生能利用收集到的资料，分析腊肉制品检验的相关能力要求并能在后面的学习中有重点地学习。

3. 使学生学会对资料、数据进行测定、分析与处理，从而得到切合实际的结论。

三、实训项目中的具体任务

1. 在对腊肉进行理化检验前，学生或学生小组收集相关资料，并能进行初步分析腊肉理化检验的具体工作任务。

2. 教师对学生的分析结果进行评价。

3. 学生在完成实训项目任务时，要求以具体的肉制品加工企业进行肉制品检验的各工作任务为基础材料，完成各个工作任务。

4. 教师对学生的项目完成情况进行评价。

四、教师的知识和能力要求

1. 教师介绍相关知识要点和本次实训的背景和相关要素。

2. 给每个学生或学生组确定实训的项目后，教师应提出具体的要求与方法。

五、学生的知识和能力准备

1. 学生根据本次实训要求，事先了解相关知识，在参观了肉品企业的理化检验室后能有初步的感受、分析所需具备的各类工作能力。

2. 学生将项目实训结果以检验报告单的形式上交，接受教师和同学的提问。最后再进行完善并上交结题作业。

六、实训仪器与设备

生产企业必须具备的检验设备包括：分析天平，圆筛（应符合相应要求），干燥箱，折射计，脂肪测定装置，蛋白质测定装置，分光光度计，薄层色谱装置。

七、实施步骤与技术要点

1. 教师介绍相关知识要点和本次实训的背景和相关要素

（1）发证产品范围及审证单元　实施食品生产许可证管理的肉制品包括所有以动物肉类为原料加工制作的包装肉类加工产品。肉制品的审证单元为 4 个：腌腊肉制品，包括咸肉类、腊肉类、中国腊肠类和中国火腿类等；酱卤肉制品，包括白煮肉类、酱卤肉类、肉松类和肉干类等；熏烧烤肉制品，包括熏烤肉类、烧烤肉类和肉脯类等；熏煮香肠火腿制品，包括熏煮肠类和熏煮火腿类等。

在生产许可证上应注明获证产品名称即肉制品及审证单元名称。肉制品生产许可证有效期为 3 年，其产品类别编号为 0401。

（2）检验项目　肉制品的发证检验、定期监督检验、出厂检验分别按照表实 2-1 所列出的相应检验项目进行。企业的出厂检验项目中注有“*”标记的，企业应当每年检验两次。以腊肉类为例介绍肉制品检验项目。

表实 2-1　腊肉产品质量理化检验项目

序号	检验项目	发证	监督	出厂	备注
1	感官	√	√	√	
2	净含量	√	√	√	
3	食盐	√	√	*	
4	水分	√	√	*	
5	酸价	√	√	√	
6	亚硝酸盐	√	√	*	
7	食品添加剂	√	√	*	具体项目根据实际情况而定
8	标签	√	√		

注：依据 GB 2730—2005 和 GB 2760—2007 等。

（3）抽样方法　根据企业申请取证产品品种，每个审证单元随机抽取 1 种产品进行发证检验。

对于现场审查合格的企业，审查组在完成必备条件现场审查工作后，在企业的成品库内随机抽取发证检验样品。所抽样品须为同一批次保质期内的产品，抽样基数不少于 20kg，每批次抽样样品数量为 4kg（不少于 4 个包装），分成 2 份。样品确认无误后，由审查组抽样人与被审查单位在抽样单上签字、盖章，当场封存样品，并加贴封条，封条上应有抽样人员签名、抽样单位盖章及抽样日期，样品送检验机构，1 份检测、1 份备查。

不具备产品出厂检验能力的企业，或部分小厂检验项目尚不能自检的企业，应委托国家质检总局统一公布的检验机构，按生产批逐批进行出厂检验。企业同一批投料、同一班次、同一条生产线的产品为一个生产批。

（4）判定原则　产品发证检验应当按照国家标准、行业标准进行，特殊情况下可以按照企业明示执行的标准进行。检验项目全部符合规定的，判为符合发证条件；检验项目中有 1 项或者 1 项以上不符合规定的，判为不符合发证条件。

产品监督检验按监督检验项目进行。检验项目全部符合标准的，判为合格；检验项目中有 1 项或者 1 项以上不符合标准规定的，判为不合格。

2. 要求学生根据本次实训要求分析在实际情景下如何安排肉制品的出厂检验

包括检验项目、检验方法、具体的仪器与试剂、具体的检验步骤、人员和时间的安排、检验结果报告等。

3. 教师对实训项目进行点评，提出思考问题，引导学生掌握基础的理化检验能力

八、考核或评价标准

通过项目实施过程中的表现和最后形成的项目实施报告来综合评定成绩。

综合实训三　饮料的理化检验

知识要求	技能要求	参考学时
• 掌握前期所学相关知识； • 了解饮料的国家标准及相关指标的检测标准； • 了解饮料的行业标准。	• 能独立查阅相关参考资料，确定某种饮料的检验任务及该任务的检验方法； • 通过小组合作确定该饮料出厂检验任务所需仪器、试剂； • 会整体考虑项目实施的时间、人员安排及完整的操作步骤； • 会对检验结果进行处理并依据相关标准判定该食品的品质。	32

一、实训项目名称

果汁的理化检验。

二、实训项目目标

1. 学生能运用所学食品理化检验和饮料加工的相关知识，在教师指导下组织实训和完成实训方案。

2. 学生能利用收集到的资料，分析饮料检验的相关能力要求并能在后面的学习中有重点地学习。

3. 使学生学会对资料、数据进行测定、分析与处理，从而得到切合实际的结论。

三、实训项目中的具体任务

1. 在对饮料进行理化检验前，学生或学生小组收集相关资料，并能进行初步分析果汁理化检验的具体工作任务。

2. 教师对学生的分析结果进行评价。

3. 学生在完成实训项目任务时，要求以具体的饮料加工企业进行料检验的各工作任务为基础材料，完成各个工作任务。

4. 教师对学生的项目完成情况进行评价。

四、教师的知识和能力要求

1. 教师介绍相关知识要点和本次实训的背景和相关要素。

2. 给每个学生或学生组确定实训的项目后，教师应提出具体的要求与方法。

五、学生的知识和能力准备

1. 学生根据本次实训要求，事先了解相关知识，在参观了饮料企业的理化检验室后能有初步的感受，分析所需具备的各类工作能力。

2. 学生将项目实训结果以检验报告单的形式上交，接受教师和同学的提问。最后再进行完善并上交结题作业。

六、实训仪器与设备

干燥箱、分析天平、计量容器、pH 计、折射仪等。

七、实施步骤与技术要点

1. 教师介绍相关知识要点和本次实训的背景和相关要素

(1) 饮料的分类及审证单元　根据饮料的分类标准 GB 10789—2007，饮料包括碳酸饮料（汽水）类、果汁和蔬菜汁、蛋白饮料类、包装饮用水类、茶饮料类、咖啡饮料类、植物饮料类、风味饮料类、特殊用途饮料类、固体饮料类及其它饮料类 11 大类。实施食品生产许可管理的饮料产品共分为 6 个审证单元，即碳酸饮料、瓶装饮用水、茶饮料、果（蔬）汁及蔬菜汁饮料、含乳饮料和植物蛋白饮料、固体饮料。下面以果（蔬）汁饮料为例介绍饮料的理化检测操作。

(2) 检验项目的确定　检验项目重点是涉及产品卫生安全以及影响产品特性的重要指标。发证检验项目、监督检验项目及企业出厂检验按照表实 3-1 中列出的相应检验项目进行。出厂检验项目注有“*”标记的，企业每年应当进行两次检验。带※的项目为橙、柑、桔汁及其饮料的测定项目。

表实 3-1　果（蔬）汁及果（蔬）汁饮料产品质量理化检验项目

序号	检验项目	发证	监督	出厂	备注
1	净含量	√	√	√	
2	总酸	√	√	√	
3	可溶性固形物	√	√	√	
4	原果汁含量※	√	√	*	
5	砷	√	√	*	
6	铅	√	√	*	
7	铜	√	√	*	
8	添加剂	√	√	*	

(3) 依据的标准　果（蔬）汁及果（蔬）汁饮料的检验和判定依据下列相应的标准：GB 2760—2007《食品添加剂使用卫生标准》、GB/T 5009—2010《食品卫生检验方法》理化部分、GB/T 4789—2008《食品卫生检验方法》微生物学部分、GB/T 12143.1—2008《软饮料中可溶性固形物的测定方法》折光计法、GB/T 12456—2008《食品中总酸的测定方法》、GB/T 16771—1997《橙、柑、桔汁及其饮料中果汁含量的测定方法》、经备案现行有效的企业明示标准及标签明示的要求等。

(4) 判定原则　产品发证检验应当按照国家标准、行业标准进行判定，没有国家标准和行业标准的，可以按照地方标准进行判定，特殊情况下可以按照企业明示执行的标准判定。

检验项目全部符合规定的，判为符合发证条件；检验项目中有 1 项或者 1 项以上不符合规定的，判为不符合发证条件。

产品监督检验按监督检验项目进行。检验项目全部符合标准规定的，判为合格；检验项目中有 1 项或者 1 项以上不符合标准规定的，判为不合格。

(5) 抽样方法　发证检验和监督检验抽样应当按照下列规定进行。

在企业的成品仓库内，从同一规格、同一批次的合格产品中随机抽取检验用样品和备用样品。所抽品种应为企业生产的主导产品。抽样基数不得少于 200 瓶，抽样数量为 18 瓶，将所抽样品分成两份送检验机构，分别用于检验和复查。审查组抽样人员与被抽查企业陪同人员确认无误后，双方在抽样单上签字、盖章，并当场加贴封条封存样品后送检验机构。封条上应有抽样人员签名、抽样单位盖章和抽样日期。

2. 要求学生根据本次实训要求分析在实际情景下如何安排果汁的出厂检验

包括检验项目、检验方法、具体的仪器与试剂、具体的检验步骤、人员和时间的安排、检验结果报告等。

3. 教师对实训项目进行点评，提出思考问题，引导学生掌握基础的理化检验能力。

八、考核或评价标准

通过项目实施过程中的表现和最后形成的项目实施报告来综合评定成绩。

综合实训四　水果制品的理化检验

知识要求	技能要求	参考学时
• 掌握前期所学相关知识； • 了解水果制品的国家标准及相关指标的检测标准； • 了解水果制品的行业标准。	• 能独立查阅相关参考资料，确定某种水果制品的检验任务及该任务的检验方法； • 通过小组合作确定该水果制品出厂检验任务所需仪器、试剂； • 会整体考虑项目实施的时间、人员安排及完整的操作步骤； • 会对检验结果进行处理并依据相关标准判定该食品的品质。	32

一、实训项目名称

水果制品的理化检验。

二、实训项目目标

1. 学生能运用所学食品理化检验和水果制品加工的相关知识，在教师指导下组织实训和完成实训方案。

2. 学生能利用收集到的资料，分析水果制品检验的相关能力要求并能在后面的学习中有重点地学习。

3. 使学生学会对资料、数据进行测定、分析与处理，从而得到切合实际的结论。

三、实训项目中的具体任务

1. 在对水果制品进行理化检验前，学生或学生小组收集相关资料，并能进行初步分析水果制品理化检验的具体工作任务。

2. 教师对学生的分析结果进行评价。

3. 学生在完成实训项目任务时，要求以具体的水果制品加工企业进行水果制品检验的各工作任务为基础材料，完成各个工作任务。

4. 教师对学生的项目完成情况进行评价。

四、教师的知识和能力要求

1. 教师介绍相关知识要点和本次实训的背景和相关要素。

2. 给每个学生或学生组确定实训的项目后，教师应提出具体的要求与方法。

五、学生的知识和能力准备

1. 学生根据本次实训要求，事先了解相关知识，在参观了水果制品企业的理化检验室后能有初步的感受，分析所需具备的各类工作能力。

2. 学生将项目实训结果以检验报告单的形式上交，接受教师和同学的提问。最后再进行完善并上交结题作业。

六、实训仪器与设备

水果制品生产企业应当具有下列出厂产品理化检验设备：干燥箱、分析天平、计量容器、折射仪等。

七、实施步骤与技术要点

1. 教师介绍相关知识要点和本次实训的背景和相关要素

(1) 水果制品的分类及审证单元　实施食品生产许可证管理的水果制品是以水果为原料、经各种加工工艺和方法制成的产品。水果制品的审证单元为两个：水果干制品和果酱。在生产许可证上应注明获证产品名称及审证单元，即水果制品（水果干制品、果酱）。生产许可证有效期为 3 年，其产品类别编号为 1702。下面以水果干制品为例介绍其理化检验操作。

(2) 检验项目的确定　水果干制品的发证检验、监督检验和出厂检验按表实 4-1 列出的检验项目进行。出厂检验项目中注有“*”标记的，企业应当每年检验两次。如果产品没有国家标准或者行业标准，应制定企业标准。标准中应包括水果干制品中的水分检验项目。

表实 4-1　水果干制品产品质量理化检验项目

序号	检验项目	发证	监督	出厂	备注
1	净含量	√	√	√	
2	等级	√	√		标准中有此规定的
3	水分(或果肉含水率)	√	√	√	
4	粒度	√	√	*	标准中有此规定的
5	总酸	√	√	*	标准中有此规定的
6	酸价	√	√	*	标准中有此规定的
7	过氧化值	√	√	*	标准中有此规定的
8	脂肪	√	√	*	标准中有此规定的
9	蛋白质	√	√	*	标准中有此规定的
10	铅(以 Pb 计)	√	√	*	标准中有此规定的
11	砷(以 As 计)	√	√	*	标准中有此规定的
12	铜(以 Cu 计)	√	√	*	标准中有此规定的
13	汞(以 Hg 计)	√	√	*	标准中有此规定的
14	镉(以 Cd 计)	√	√	*	标准中有此规定的
15	二氧化硫残留量	√	√	√	
16	苯甲酸	√	√	*	
17	山梨酸	√	√	*	
18	糖精钠	√	√	*	
19	环已基氨基磺酸钠(甜蜜素)	√	√	*	
20	着色剂(柠檬黄、日落黄、胭脂红、苋菜红、亮蓝)	√	√	*	检测时应根据产品的颜色确定
21	展青霉素	√	√	*	苹果、山楂制品
22	六六六	√	√	*	标准中有此规定的
23	滴滴涕	√	√	*	标准中有此规定的
24	抗氧化剂(BHA+BHT)	√	√	*	标准中有此规定的
25	三唑酮	√	√	*	标准中有此规定的

(3) 依据的标准　GB 16325—2005《干果食品卫生标准》；GB 14891.3—1997《辐照干

果果脯类卫生标准》；GB/T 19586—2008《原产地域产品　吐鲁番葡萄干》；QB/T 2076—1995《水果、蔬菜脆片》；NY/T 705—2003《无核葡萄干》；NY/T 709—2003《荔枝干》；NY/T 786—2004《食用椰干》；NY/T 948—2006《香蕉脆片》；NY/T 487—2002《槟榔干果》；GB 2761—2011《食品中真菌毒素限量》；SB/T 10196—1993《果酱通用技术条件》。

（4）判定原则　产品发证检验应当按照国家标准、行业标准进行判定，没有国家标准和行业标准的，可以按照地方标准进行判定，特殊情况下可以按照企业明示执行的标准判定。

检验项目全部符合规定的，判为符合发证条件；检验项目中有1项或者1项以上不符合规定的，判为不符合发证条件。

产品监督检验按监督检验项目进行。检验项目全部符合标准规定的，判为合格；检验项目中有1项或者1项以上不符合标准规定的，判为不合格。

（5）抽样方法　根据企业申请发证产品的品种，在企业成品库房内按照每个发证单元随机抽取一种产品进行发证检验。所抽样品须为同一批次保质期内的产品，抽样基数不得少于20kg，抽样数量为2kg（不少于12个独立包装），分为2份，1份检验，1份备查；样品经确认无误后，由核查组抽样人员与被抽查单位在抽样单上签字、盖章、当场封存样品，并加贴封条，封条上应有抽样人员签名、抽样单位盖章及抽样日期。

2. 要求学生根据本次实训要求分析在实际情景下如何安排水果干制品的出厂检验

包括检验项目、检验方法、具体的仪器与试剂、具体的检验步骤、人员和时间的安排、检验结果报告等。

3. 教师对实训项目进行点评，提出思考问题，引导学生掌握基础的理化检验能力。

八、考核或评价标准

通过项目实施过程中的表现和最后形成的项目实施报告来综合评定成绩。

综合实训五　糕点的理化检验

知识要求	技能要求	参考学时
● 掌握前期所学相关知识； ● 了解糕点的国家标准及相关指标的检测标准； ● 了解糕点的行业标准。	● 能独立查阅相关参考资料，确定某种糕点的检验任务及该任务的检验方法； ● 通过小组合作确定该糕点出厂检验任务所需仪器、试剂； ● 会整体考虑项目实施的时间、人员安排及完整的操作步骤； ● 会对检验结果进行处理并依据相关标准判定该食品的品质。	32

一、实训项目名称

糕点的理化检验。

二、实训项目目标

1. 学生能运用所学食品理化检验和糕点加工的相关知识，在教师指导下组织实训和完成实训方案。

2. 学生能利用收集到的资料，分析糕点检验的相关能力要求并能在后面的学习中有重点地学习。

3. 使学生学会对资料、数据进行测定、分析与处理，从而得到切合实际的结论。

三、实训项目中的具体任务

1. 在对糕点进行理化检验前，学生或学生小组收集相关资料，并能进行初步分析糕点理化检验的具体工作任务。

2. 教师对学生的分析结果进行评价。

3. 学生在完成实训项目任务时，要求以具体的糕点加工企业进行糕点检验的各工作任务为基础材料，完成各个工作任务。

4. 教师对学生的项目完成情况进行评价。

四、教师的知识和能力要求

1. 教师介绍相关知识要点和本次实训的背景和相关要素。

2. 给每个学生或学生组确定实训的项目后，教师应提出具体的要求与方法。

五、学生的知识和能力准备

1. 学生根据本次实训要求，事先了解相关知识，在参观了糕点企业的理化检验室后能有初步的感受，分析所需具备的各类工作能力。

2. 学生将项目实训结果以检验报告单的形式上交，接受教师和同学的提问。最后再进行完善并上交结题作业。

六、实训仪器与设备

糕点生产企业应当具有下列出厂产品理化检验设备：天平（感量 0.1g）、干燥箱、分析天平（感量 0.1mg）、计量容器。

七、实施步骤与技术要点

1. 教师介绍相关知识要点和本次实训的背景和相关要素

（1）糕点的分类及审证单元　实施食品生产许可证管理的糕点产品包括以粮、油、糖、蛋等为主要原料，添加适量辅料，并经调制、成型、熟制、包装等工序制成的食品，如月饼、面包、蛋糕等。包括：烘烤类糕点，酥类、松酥类、松脆类、酥层类、酥皮类、松酥皮类、糖浆皮类、硬酥类、水油皮类、发酵类、烤蛋糕类、烘糕类等；油炸类糕点，酥皮类、水油皮类、松酥类、酥层类、水调类、发酵类、上糖浆类等；蒸煮类糕点，蒸蛋糕类、印模糕类、韧糕类、发糕类、松糕类、粽子类、糕团类、水油皮类等；熟粉类糕点，冷调韧糕类、热调韧糕类、印模糕类、片糕类等等。审证单元为 1 个，即糕点（烘烤类糕点、油炸类糕点、蒸煮类糕点、熟粉类糕点、月饼）。

在生产许可证上应当注明获证产品名称即何类糕点（烘烤类糕点、油炸类糕点、蒸煮类糕点、熟粉类糕点、月饼）。糕点生产许可证有效期为 3 年，其产品类别编号为：2401。

（2）检验项目的确定　糕点的发证检验、定期监督检验和出厂检验项目按表实 5-1 中列出的检验项目进行。出厂检验项目中注有“*”标记的，企业应当每年检验两次。

（3）依据的标准　见表实 5-2。

（4）判定原则　产品发证检验应当按照国家标准、行业标准进行判定，没有国家标准和行业标准的，可以按照地方标准进行判定，特殊情况下可以按照企业明示执行的标准判定。

检验项目全部符合规定的，判为符合发证条件；检验项目中有 1 项或者 1 项以上不符合规定的，判为不符合发证条件。

产品监督检验按监督检验项目进行。检验项目全部符合标准规定的，判为合格；检验项目中有 1 项或者 1 项以上不符合标准规定的，判为不合格。

（5）抽样方法　发证检验和监督检验抽样按照以下规定进行。

根据企业申请发证产品的品种，随机抽取 1 种产品进行检验。抽取产量最大的主导产品。生产月饼的企业应加抽月饼。

对于现场审查合格的企业，审查组在完成必备条件现场审查工作后，在企业的成品库内随机抽取发证检验样品。所抽样品须为同一批次保质期内的产品，以同班次、同规格的产品为抽样基数，抽样基数不少于 25kg，随机抽样至少 2kg（至少 4 个独立包装）。样品分成 2 份，1 份用于检验，1 份备查。样品确认无误后，由审查组抽样人员与被抽样单位在抽样单上签字、盖章、当场封存样品，并加贴封条。封条上应当有抽样人员签名、抽样单位盖章及封样日期。

2. 要求学生根据本次实训要求分析在实际情景下如何安排糕点的出厂检验

包括检验项目、检验方法、具体的仪器与试剂、具体的检验步骤、人员和时间的安排、检验结果报告等。

3. 教师对实训项目进行点评，提出思考问题，引导学生掌握基础的理化检验能力

八、考核或评价标准

通过项目实施过程中的表现和最后形成的项目实施报告来综合评定成绩。

表实 5-1　糕点产品质量理化检验项目

序号	检验项目	发证	监督	出厂	备注
1	净含量	√	√	√	
2	水分或干燥失重	√	√	√	
3	总糖	√	√	*	面包不检此项
4	脂肪	√	√	*	水蒸类、面包、蛋糕类、熟粉类、片糕、非肉馅粽子、无馅类粽子、混合类粽子不检此项
5	碱度	√	√	*	适用于油炸类糕点
6	蛋白质	√	√	*	适用于蛋糕、果仁类广式月饼、肉与肉制品类广式月饼、水产类广式月饼、果仁类、果仁类苏式月饼、肉与肉制品类苏式月饼、肉馅粽子
7	馅料含量	√	√	√	适用于月饼
8	装饰料占蛋糕总质量的比率	√	√	*	适用于裱花蛋糕
9	比容	√	√	*	适用于面包
10	酸度	√	√	*	适用于面包
11	酸价	√	√	*	
12	过氧化值	√	√	*	
13	总砷	√	√	*	
14	铅	√	√	*	
15	黄曲霉毒素 B_1	√	√	*	
16	防腐剂：山梨酸、苯甲酸、丙酸钙(钠)	√	√	*	月饼加测脱氢乙酸面包加测溴酸钾
17	甜味剂：糖精钠、甜蜜素	√	√	*	
18	色素：胭脂红、苋莱红、柠檬黄、日落黄、亮蓝	√	√	*	根据色泽选择测定
19	铝	√	√	*	

表实 5-2　产品相关标准

国家标准	行业标准
糕点、面包卫生标准 GB 7099—2003 食品中污染物限量 GB 2762—2005 月饼 GB 19855—2005	蛋糕通用技术条件 SB/T 10030—1992
	片糕通用技术条件 SB/T 10031—1992
	桃酥通用技术条件 SB/T 10032—1992
	烘烤类糕点通用技术条件 SB/T 10222—1994
	油炸类糕点通用技术条件 SB/T 10223—1994
	水蒸类糕点通用技术条件 SB/T 10224—1994
	熟粉类糕点通用技术条件 SB/T 10225—1994
	糕点检验规则、包装、标志、运输及贮存 SB/T 10227—1994
	粽子 SB/T 10377—2004
	裱花蛋糕 SB/T 10329—2000
	面包 QB/T 1252—1991
	月饼馅料 SB 10350—2002
	备案的现行企业标准

【附录一】 综合实训项目报告书样本

综合实训项目报告书

项目名称：________________________________

项目进行时间：____________________________

项目进行地点：____________________________

项目小组成员：____________________________

项目报告撰写人：__________________________

所在班级：________________________________

项目指导老师：____________________________

填写说明

1. 本项目报告书用于××××学院《食品理化检验技术》项目教学。

2. 表格格式由《食品理化检验技术》任课教师提供，学生填写完成。

3. 本项目实训报告书，每一部分都由项目小组成员讨论完成，最后由小组内某位成员负责整理填写各个相关部分，并在项目撰写人处签名。

4. 本项目实训报告书作为该项目考核之用，每个小组上交电子稿和打印稿各一份。

5. 该项目书底稿请自行保存，以备不时之需。

目 录

表格略。可根据内容自行设计表格形式。

【附录二】 食品卫生检验方法

食品卫生检验方法　理化部分　总则

GB/T 5009.1—2003

前言

本标准代替 GB/T 5009.1—1996《食品卫生检验方法 理化部分 总则》

本标准与 GB/T 5009.1—1996 相比主要修改如下：

按照 GB/T 20001.4—2001《标准编写规则　第 4 部分：化学分析方法》对原标准的结构进行了修改。

本标准的附录 A 为规范性附录，附录 B 和附录 C 为资料性附录。

本标准由中华人民共和国卫生部提出并归口。

本标准由卫生部食品卫生监督检验所负责起草。

本标准于 1985 年首次发布，于 1996 年第一次修订，本次为第二次修订。

1　范围

本标准规定了食品卫生检验方法理化部分的检验基本原则和要求。

本标准适用于食品卫生检验方法理化部分。

2　规范性引用文件

下列文件中的条款通过本标准的引用而成为本标准的条款。凡是注日期的引用文件，其随后所有的修改单（不包括勘误的内容）或修订版均不适用于本标准，然而，鼓励根据本标准达成协议的各方研究是否可使用这些文件的最新版本。凡是不注日期的引用文件，最新版本适用于本标准。

GB/T 601　化学试剂　标准滴定溶液的制备

GB/T 602　化学试剂　杂质测定用标准溶液的制备

GB/T 5009.3—2003　食品中水分的测定

GB/T 5009.6—2003　食品中脂肪的测定

GB/T 5009.20—2003　食品中有机磷农药残留量的测定

GB/T 5009.26—2003　食品中 N-亚硝胺类的测定

GB/T 5009.34—2003　食品中亚硫酸盐的测定

GB/T 8170　数值修约规则

JJF 1027　测量误差及数据处理

3　检验方法的一般要求

3.1　称取：用天平进行的称量操作，其准确度要求用数值的有效数位表示，如“称取 20.2g……”指称量准确至±0.1g；“称取 20.00g……”指称量准确至±0.01g。

3.2　准确称取：用天平进行的称量操作，其准确度为±0.0001g。

3.3　恒量：在规定的条件下，连续两次干燥或灼烧后称定的质量差异不超过规定的范围。

3.4　量取：用量筒或量杯取液体物质的操作。

3.5　吸取：用移液管、刻度吸量管取液体物质的操作。

3.6　试验中所用的玻璃量器如滴定管、移液管、容量瓶、刻度吸管、比色管等所量取体积的准确度应符合国家标准对该体积玻璃量器的准确度要求。

3.7　空白试验：除不加试样外，采用完全相同的分析步骤、试剂和用量（滴定法中标准滴定液的用量除外），进行平行操作所得的结果。用于扣除试样中试剂本底和计算检验方法的检出限。

4　检验方法的选择

4.1　标准方法如有两个以上检验方法时，可根据所具备的条件选择使用，以第一法为仲裁方法。

4.2　标准方法中根据适用范围设几个并列方法时，要依据适用范围选择适宜的方法。在 GB/T 5009.3、GB/T 5009.6、GB/T 5009.20、GB/T 5009.26、GB/T 5009.34 中由于方法的适用范围不同，第一法与其他方法属并列关系（不是仲裁方法）。此外，未指明第一法的标准方法，与其他方法也属并列关系。

5　试剂的要求及其溶液浓度的基本表示方法

5.1　检验方法中所使用的水，未注明其他要求时，系指蒸馏水或去离子水。未指明溶液用何种溶剂配制时，均指水溶液。

5.2　检验方法中未指明具体浓度的硫酸、硝酸、盐酸、氨水时，均指市售试剂规格的浓度（参见附录 C)。

5.3　液体的滴：系指蒸馏水自标准滴管流下的一滴的量，在 20℃ 时 20 滴约相当于 1mL。

5.4　配制溶液的要求

5.4.1　配制溶液时所使用的试剂和溶剂的纯度应符合分析项目的要求。应根据分析任务、分析方法、对分析结果准确度的要求等选用不同等级的化学试剂。

5.4.2　试剂瓶使用硬质玻璃。一般碱液和金属溶液用聚乙烯瓶存放。需避光试剂贮于棕色瓶中。

5.5　溶液浓度表示方法

5.5.1　标准滴定溶液浓度的表示（参见附录 B），应符合 GB/T 601 的要求。

5.5.2　标准溶液主要用于测定杂质含量，应符合 GB/T 602 的要求。

5.5.3　几种固体试剂的混合质量份数或液体试剂的混合体积份数可表示为（1＋1)、(4＋2＋1)等。

5.5.4　溶液的浓度可以质量分数或体积分数为基础给出，表示方法应是“质量（或体积）分数是 0.75”或“质量（或体积）分数是 75％”。质量和体积分数还能分别用 5μg/g 或 4.2mL/m^3 这样的形式表示。

5.5.5　溶液浓度可以质量、容量单位表示，可表示为克每升或以其适当分倍数表示(g/L 或 mg/mL 等)。

5.5.6　如果溶液由另一种特定溶液稀释配制，应按照下列惯例表示：

“稀释 $V_1 \rightarrow V_2$”表示，将体积为 V_1 的特定溶液以某种方式稀释，最终混合物的总体积为 V_2；

“稀释 $V_1 + V_2$”表示，将体积为 V_1 的特定溶液加到体积为 V_2 的溶液中（1＋1)、(2＋

5）等。

6 温度和压力的表示

6.1 一般温度以摄氏度表示，写作℃；或以开氏度表示，写作 K（开氏度＝摄氏度＋273.15）。

6.2 压力单位为帕斯卡，表示为 Pa（kPa、MPa）。

1atm＝760mmHg

＝101325 Pa＝101.325kPa＝0.101325 MPa

（atm 为标准大气压，mmHg 为毫米汞柱）

7 仪器设备要求

7.1 玻璃量器

7.1.1 检验方法中所使用的滴定管、移液管、容量瓶、刻度吸管、比色管等玻璃量器均应按国家有关规定及规程进行检定校正。

7.1.2 玻璃量器和玻璃器皿应经彻底洗净后才能使用，洗涤方法和洗涤液配制参见附录 C。

7.2 控温设备

检验方法所使用的马弗炉、恒温干燥箱、恒温水浴锅等均应按国家有关规程进行测试和检定校正。

7.3 测量仪器

天平、酸度计、温度计、分光光度计、色谱仪等均应按国家有关规程进行测试和检定校正。

7.4 检验方法中所列仪器

为该方法所需要的主要仪器，一般实验室常用仪器不再列入。

8 样品的要求

8.1 采样应注意样品的生产日期、批号、代表性和均匀性（掺伪食品和食物中毒样品除外）。采集的数量应能反映该食品的卫生质量和满足检验项目对样品量的需要，一式三份，供检验、复验、备查或仲裁，一般散装样品每份不少于 0.5kg。

8.2 采样容器根据检验项目，选用硬质玻璃瓶或聚乙烯制品。

8.3 液体、半流体饮食品如植物油、鲜乳、酒或其他饮料，如用大桶或大罐盛装者，应先充分混匀后再采样。样品应分别盛放在三个干净的容器中。

8.4 粮食及固体食品应自每批食品上、中、下三层中的不同部位分别采取部分样品，混合后按四分法对角取样，再进行几次混合，最后取有代表性样品。

8.5 肉类、水产等食品应按分析项目要求分别采取不同部位的样品或混合后采样。

8.6 罐头、瓶装食品或其他小包装食品，应根据批号随机取样，同一批号取样件数，205g 以上的包装不得少于 6 个，250g 以下的包装不得少于 10 个。

8.7 掺伪食品和食物中毒的样品采集，要具有典型性。

8.8 检验后的样品保存：一般样品在检验结束后，应保留一个月，以备需要时复检。易变质食品不予保留，保存时应加封并尽量保持原状。检验取样一般皆系指取可食部分，以所检验的样品计算。

8.9 感官不合格产品不必进行理化检验，直接判为不合格产品。

9 检验要求

9.1 严格按照标准方法中规定的分析步骤进行检验，对试验中不安全因素（中毒、爆炸、腐蚀、烧伤等）应有防护措施。

9.2 理化检验实验室应实行分析质量控制。

9.3 检验人员应填写好检验记录。

10 分析结果的表述

10.1 测定值的运算和有效数字的修约应符合 GB/T 8170、JJF 1027 的规定，技术参数和数据处理见附录 A。

10.2 结果的表述：报告平行样的测定值的算术平均值，并报告计算结果表示到小数点后的位数或有效位数，测定值的有效数的位数应能满足卫生标准的要求。

10.3 样品测定值的单位应使用法定计量单位。

10.4 如果分析结果在方法的检出限以下，可以用“未检出”表述分析结果，但应注明检出限数值。

附录A
(规范性附录)
检验方法中技术参数和数据处理

A.1　灵敏度的规定

把标准曲线回归方程中的斜率（b）作为方法灵敏度（参照第A.5章），即单位物理量的响应值。

A.2　检出限

把3倍空白值的标准偏差（测定次数$n \geqslant 20$）相对应的质量或浓度称为检出限。

A.2.1　色谱法（GC. HPLC）

设：色谱仪最低响应值为$S=3N$（N为仪器噪音水平），则检出限按式（A.1）进行计算。

$$检出限=\frac{最低响应值}{b}=\frac{S}{b} \tag{A.1}$$

式中：

b——标准曲线回归方程中的斜率，响应值/μg或响应值/ng；

S——为仪器噪音的3倍，即仪器能辨认的最小的物质信号。

A.2.2　吸光法和荧光法

按国际理论与应用化学家联合（IUPAC）规定。

A.2.2.1　全试剂空白响应值

全试剂空白响应值按式(A.2）进行计算。

$$X_L=\overline{X}_i+Ks \tag{A.2}$$

式中：

X_L——全试剂空白响应值（按3.7操作以溶剂调节零点）；

$\overline{X}_i$——测定n次空白溶液的平均值（$n \geqslant 20$）；

s——n次空白值的标准偏差；

K——根据一定置信度确定的系数。

A.2.2.2　检出限

检出限按式(A.3）进行计算。

$$L=\frac{X_L-\overline{X}_i}{b}=\frac{Ks}{b} \tag{A.3}$$

式中：

L——检出限；

X_L、$\overline{X}_i$、K、s、b——同式(A.2）注释；

K——一般为3。

A.3　精密度

同一样品的各测定值的符合程度为精密度。

A.3.1　测定

在某一实验室，使用同一操作方法，测定同一稳定样品时，允许变化的因素有操作者、时间、试剂、仪器等，测定值之间的相对偏差即为该方法在实验室内的精度。

A. 3. 2　表示

A. 3. 2. 1　相对偏差

相对偏差按式(A. 4) 进行计算。

$$相对偏差(\%)=\frac{X_i-\overline{X}}{\overline{X}}\times 100 \quad (A.4)$$

式中：

X_i——某一次的测定值；

$\overline{X}$——测定值的平均值。

平行样相对误差按式（A. 5）进行计算。

$$平行样相对误差(\%)=\frac{|X_1-X_2|}{\frac{X_1+X_2}{2}}\times 100 \quad (A.5)$$

A. 3. 2. 2　标准偏差

A. 3. 2. 2. 1　算术平均值：多次测定值的算术平均值可按式(A. 6) 计算。

$$\overline{X}=\frac{X_1+X_2+\cdots\cdots+X_n}{n}=\frac{\sum_{i=1}^{n}X_i}{n} \quad (A.6)$$

式中：

$\overline{X}$——n 次重复测定结果的算术平均值；

n——重复测定次数；

X_i——n 次测定中第 i 个测定值。

A. 3. 2. 2. 2　标准偏差：它反映随即误差的大小，用标准差（S）表示，按式（A. 7）进行计算。

$$S=\sqrt{\frac{\sum_{i=1}^{n}(X_i-\overline{X})^2}{n-1}}=\sqrt{\frac{\sum_{i=1}^{n}X_i^2-(\sum_{i=1}^{n}X_i)^2/n}{n-1}} \quad (A.7)$$

式中：

$\overline{X}$——n 次重复测定结果的算术平均值；

n——重复测定次数；

X_i——n 次测定中第 i 个测定值；

S——标准差。

A. 3. 2. 3　相对标准偏差

相对标准偏差按式(A. 8) 进行计算。

$$RSD=\frac{S}{\overline{X}}\times 100 \quad (A.8)$$

式中：

RSD——相对标准偏差；

S、$\overline{X}$——同 A. 3. 2. 2. 2。

A. 4　准确度

测定的平均值与真值相符的程度。

A. 4. 1　测定

某一稳定样品中加入不同水平已知量的标准物质（将标准物质的量作为真值）称加标样品；同时测定样品和加标样品；加标样品扣除样品值后与标准物质的误差即为该方法的准确度。

A. 4. 2　用回收率表示方法的准确度

加入的标准物质的回收率按式(A. 9）进行计算。

$$P=\frac{X_1-X_0}{m}\times 100\% \tag{A. 9}$$

式中：

P——加入的标准物质的回收率；

m——加入的标准物质的量；

X_1——加标试样的测定值；

X_0——未加标试样的测定值。

A. 5　直线回归方程的计算

在绘制标准曲线时，可用直线回归方程式计算，然后根据计算结果绘制。用最小二乘法计算直线回归方程的公式见式(A. 10）～式(A. 13)。

$$Y=a+bX \tag{A. 10}$$

$$a=\frac{\sum X^2(\sum Y)-(\sum X)(\sum XY)}{n\sum X^2-(\sum X)^2} \tag{A. 11}$$

$$b=\frac{n(\sum XY)-(\sum X)(\sum Y)}{n\sum X^2-(\sum X)^2} \tag{A. 12}$$

$$r=\frac{n(\sum XY)-(\sum X)(\sum Y)}{\sqrt{[n\sum X^2-(\sum X)^2][n\sum Y^2-(\sum Y)^2]}} \tag{A. 13}$$

式中：

X——自变量，为横坐标上的值；

Y——自变量，为纵坐标上的值；

b——直线的斜率；

a——直线在 Y 轴上的截距；

n——测定值；

r——回归直线的相关系数。

A. 6　有效数字

食品理化检验中直接或间接测定的量，一般都用数字表示，但它与数学中的“数”不同，而仅仅表示度的近似值。在测定值中只保留一位可疑数字，如 0.0123 与 1.23 都为三位有效数字。当数字末端“0”不作为有效数字时，要改写成用乘以 10^n 来表示。如 24600 三位有效数字，应写作 2.46×10^4。

A. 6. 1　运算规则

A. 6. 1. 1　除有特殊规定外，一般可疑数表示末位 1 个单位的误差。

A. 6. 1. 2　复杂运算时，其中间过程多保留一位有效数，最后结果须取应有的位数。

A. 6. 1. 3　加减法计算的结果，其小数点以后保留的位数，应与参加运算各数中小数点后位数最少的相同。

A. 6. 1. 4　乘除法计算的结果，其有效数字保留的位数，应与参加运算各数中有效数字位数最少的相同。

A. 6. 2　方法测定中按其仪器准确度确定了有效数的位数后，先进行运算，运算后的数值再修约。

A.7 数字修约规则

A.7.1 在拟舍弃的数字中，若左边第一个数字小于5（不包括5）时，则舍去，即所拟保留的末位数字不变。

例如：将14.2432修约到保留一位小数。

修约前	修约后
14.2432	14.2

A.7.2 在拟舍弃的数字中，若左边第一个数字大于5（不包括5）则进一，即所拟保留的末位数字加一。

例如：将26.4843修约到只保留一位小数。

修约前	修约后
26.4843	26.5

A.7.3 在拟舍弃的数字中，若左边第一位数字等于5其右边的数字并非全部为零时，则进一，即所拟保留的末位数字加一。

例如：将1.0501修约到只保留一位小数。

修约前	修约后
1.0501	1.1

A.7.4 在拟舍弃的数字中，若左边第一个数字等于5，其右边的数字皆为零时，所拟保留的末位数字若为奇数则进一，若为偶数（包括“0”）则不进。

例如：将下列数字修约到只保留一位小数。

修约前	修约后
0.3500	0.4
0.4500	0.4
1.0500	1.0

A.7.5 所拟舍弃的数字，若为两位以上数字时，不得连续进行多次修约，应根据所拟舍弃数字中左边第一个数字的大小，按上述规定一次修约出结果。

例如：将15.4546修约成整数。

正确的做法是：

修约前	修约后
15.4546	15

不正确的做法是：

修约前	一次修约	二次修约	三次修约	四次修约（结果）
15.4546	15.4545	15.46	15.5	16

附录B
(资料性附录)
标准滴定溶液

检验方法中某些标准滴定溶液的配制及标定应按下列规定进行，应符合 GB/T 601 的要求。

B.1 盐酸标准滴定溶液

B.1.1 配制

B.1.1.1 盐酸标准滴定溶液［c(HCl)=1mol/L］：量取 90mL 盐酸，加适量水并稀释至 1000mL。

B.1.1.2 盐酸标准滴定溶液［c(HCl)=0.5mol/L］：量取 45mL 盐酸，加适量水并稀释至 1000mL。

B.1.1.3 盐酸标准滴定溶液［c(HCl)=0.1mol/L］：量取 9mL 盐酸，加适量水并稀释至 1000mL。

B.1.1.4 溴甲酚绿-甲基红混合指示液：量取 30mL 溴甲酚绿乙醇溶液（2g/L），加入 20mL 甲基红乙醇溶液（1g/L），混匀。

B.1.2 标定

B.1.2.1 盐酸标准滴定溶液［c(HCl)=1mol/L］：准确称取约 1.5g 在 270℃～300℃ 干燥至恒重的基准无水碳酸钠，加 50mL 水使之溶解，加 10 滴溴甲酚绿-甲基红混合指示液，用本溶液滴定至溶液由绿色转变为紫红色，煮沸 2min，冷却至室温，继续滴定至溶液由绿色变为暗紫色。

B.1.2.2 盐酸标准溶液［c(HCl)=0.5mol/L］：按 B.1.2.1 操作，但基准无水碳酸钠量改为约 0.8g。

B.1.2.3 盐酸标准溶液［c(HCl)=0.1mol/L］：按 B.1.2.1 操作，但基准无水碳酸钠量改为约 0.15g。

B.1.2.4 同时做试剂空白试验。

B.1.3 计算

盐酸标准滴定溶液的浓度按式（B.1）计算。

$$c_1=\frac{m}{(V_1-V_2)\times 0.0530} \tag{B.1}$$

式中：

c_1——盐酸标准滴定溶液的实际浓度，单位为摩尔每升（mol/L）；

m——基准无水碳酸钠的质量，单位为克（g）；

V_1——盐酸标准溶液用量，单位为毫升（mL）；

V_2——试剂空白试验中盐酸标准溶液用量，单位为毫升（mL）；

0.0530——与 1.00mL 盐酸标准滴定溶液［c(HCl)=1mol/L］相当的基准无水碳酸钠的质量，单位为克（g）。

B.2 盐酸标准滴定溶液［c(HCl)=0.02mol/L、c(HCl)=0.01mol/L］

临用前取盐酸标准溶液［c(HCl)=0.1mol/L］（B.1.1.3）加水稀释制成。必要时重新标定浓度。

B.3　硫酸标准滴定溶液

B.3.1　配制

B.3.1.1　硫酸标准滴定溶液[$c(1/2H_2SO_4)$=1mol/L]：量取30mL硫酸，缓缓注入适量水中，冷却至室温后用水稀释至1000mL，混匀。

B.3.1.2　硫酸标准滴定溶液[$c(1/2H_2SO_4)$=0.5mol/L]：按B.3.1.1操作，但硫酸量改为15mL。

B.3.1.3　硫酸标准滴定溶液[$c(1/2H_2SO_4)$=0.1mol/L]：按B.3.1.1操作，但硫酸量改为3mL。

B.3.2　标定

B.3.2.1　硫酸标准滴定溶液[$c(1/2H_2SO_4)$=1.0mol/L]：按B.1.2.1操作。

B.3.2.2　硫酸标准滴定溶液[$c(1/2H_2SO_4)$=0.5mol/L]：按B.1.2.2操作。

B.3.2.3　硫酸标准滴定溶液[$c(1/2H_2SO_4)$=0.1mol/L]：按B.1.2.3操作。

B.3.3　计算

硫酸标准滴定溶液浓度按式(B.2)计算。

$$c_2=\frac{m}{(V_1-V_2)\times 0.0530} \tag{B.2}$$

式中：

c_2——硫酸标准滴定溶液的实际浓度，单位为摩尔每升（mol/L）；

m——基准无水碳酸钠的克数，单位为克（g）；

V_1——硫酸标准溶液用量，单位为毫升（mL）；

V_2——试剂空白试验中硫酸标准溶液用量，单位为毫升（mL）；

0.0530——与1.00mL硫酸标准溶液［$c(1/2H_2SO_4)$=1mol/L］相当的基准无水碳酸钠的质量，单位为克（g）。

B.4　氢氧化钠标准滴定溶液

B.4.1　配制

B.4.1.1　氢氧化钠饱和溶液：称取120g氢氧化钠，加100mL水，振摇使之溶解成饱和溶液，冷却后置于聚乙烯塑料瓶中，密塞，放置数日，澄清后备用。

B.4.1.2　氢氧化钠标准溶液［c(NaOH)=1mol/L］：吸取56mL澄清的氢氧化钠饱和溶液，加适量新煮沸过的冷水至1000mL，摇匀。

B.4.1.3　氢氧化钠标准溶液［c(NaOH)=0.5mol/L］：按B.4.1.2操作，但吸取澄清的氢氧化钠饱和溶液改为28mL。

B.4.1.4　氢氧化钠标准溶液［c(NaOH)=0.1mol/L］：按B.4.1.2操作，但吸取澄清的氢氧化钠饱和溶液改为5.6mL。

B.4.1.5　酚酞指示液：称取酚酞1g溶于适量乙醇中再稀释至100mL。

B.4.2　标定

B.4.2.1　氢氧化钠标准溶液［c(NaOH)=1mol/L］：准确称取约6g在150℃～110℃干燥至恒量的基准邻苯二甲酸氢钾，加80mL新煮沸过的冷水，使之尽量溶解，加2滴酚酞指示液，用本溶液滴定至溶液呈粉红色，0.5min不褪色。

B.4.2.2　氢氧化钠标准溶液［c(NaOH)=0.5mol/L］：按B.4.2.1操作，但基准邻苯

二甲酸氢钾量改为约 3g。

B. 4. 2. 3　氢氧化钠标准溶液［c(NaOH)＝0. 1mol/L］：按 B. 4. 2. 1 操作，但基准邻苯二甲酸氢钾量改为约 0. 6g。

B. 4. 2. 4　同时做空白试验。

B. 4. 3　计算

氢氧化钠标准滴定溶液的浓度按式（B. 3）计算。

$$c_3=\frac{m}{(V_1-V_2)\times 0.2042} \tag{B.3}$$

式中：

c_3——氢氧化钠标准滴定溶液的实际浓度，单位为摩尔每升（mol/L）；

m——基准邻苯二甲酸氢钾的质量，单位为克（g）；

V_1——氢氧化钠标准溶液用量，单位为毫升（mL）；

V_2——空白试验中氢氧化钠标准溶液用量，单位为毫升（mL）；

0. 2042——与 1. 00mL 氢氧化钠标准滴定溶液[c(NaOH)＝1mol/L]相当的基准邻苯二甲酸氢钾的质量，单位为克（g）。

B. 5　氢氧化钠标准滴定溶液[c(NaOH)＝0. 02mol/L、c(NaOH)＝0. 01mol/L]

临用前取氢氧化钠标准溶液[c(NaOH)＝0. 1mol/L]，加新煮沸过的冷水稀释制成。必要时用盐酸标准滴定溶液[c(HCl)＝0. 02mol/L、c(HCl)＝0. 01mol/L]标定浓度。

B. 6　氢氧化钾标准滴定溶液[c(KOH)＝0. 1mol/L]

B. 6. 1　配制

称取 6g 氢氧化钾，加入新煮沸过的冷水溶解，并稀释至 1000mL，混匀。

B. 6. 2　标定

按 B. 4. 2. 3 和 B. 4. 2. 4 操作。

B. 6. 3　计算

按 B. 4. 3 中式(B. 3)计算。

B. 7　高锰酸钾标准滴定溶液[$c(1/5KMnO_4)$＝0. 1mol/L]

B. 7. 1　配制

称取约 3. 3g 高锰酸钾，加 1000mL 水。煮沸 15min。加塞静置 2d 以上，用垂融漏斗过滤，置于具玻璃塞的棕色瓶中密塞保存。

B. 7. 2　标定

准确称取约 0. 2g 在 110℃ 干燥至恒量的基准草酸钠。加入 250mL 新煮沸过的冷水、10mL 硫酸，搅拌使之溶解。迅速加入约 25mL 高锰酸钾溶液，待褪色后，加热至 65℃，继续用高锰酸钾溶液滴定至溶液呈微红色，保持 0. 5min 加不褪色。在滴定终了时，溶液温度应不低于 55℃。同时做空白试验。

B. 7. 3　计算

高锰酸钾标准滴定溶液的浓度按式(B. 4)计算。

$$c_4=\frac{m}{(V_1-V_2)\times 0.0670} \tag{B.4}$$

式中：

c_4——高锰酸钾标准滴定溶液的实际浓度，单位为摩尔每升（mol/L）；

m——基准草酸钠的质量，单位为克（g）；

V_1——高锰酸钾标准溶液用量，单位为毫升（mL）；

V_2——试剂空白试验中高锰酸钾标准溶液用量，单位为毫升（mL）；

0.0670——与1.00mL高锰酸钾标准滴定溶液［$c(1/5KMnO_4)$ ＝1mol/L］相当的基准草酸钠的质量，单位为克（g）。

B.8　高锰酸钾标准滴定溶液［$c(1/5KMnO_4)=0.01mol/L$］

临用前取高锰酸钾标准溶液［$c(1/5KMnO_4)=0.1mol/L$］稀释制成，必要时重新标定浓度。

B.9　草酸标准滴定溶液［$c(1/2H_2C_2O_4 \cdot 2H_2O)=0.1mol/L$］

B.9.1　配制

称取约6.4g草酸，加适量的水使之溶解并稀释至1000mL，混匀。

B.9.2　标定

吸取25.00mL草酸标准溶液，按B.7.2自“加入250mL新煮沸过的冷水……”操作。

B.9.3　计算

草酸标准滴定溶液的浓度按式（B.5）计算。

$$c_5=\frac{(V_1-V_2)\times c}{V} \qquad \text{(B.5)}$$

式中：

c_5——草酸标准滴定溶液的实际浓度，单位为摩尔每升（mol/L）；

V_1——高锰酸钾标准溶液用量，单位为毫升（mL）；

V_2——试剂空白试验中高锰酸钾标准溶液用量，单位为毫升（mL）；

c——高锰酸钾标准滴定溶液的浓度，单位为摩尔每升（mol/L）；

V——草酸标准溶液用量，单位为毫升（mL）。

B.10　草酸标准滴定溶液［$c(1/2H_2C_2O_4 \cdot 2H_2O)=0.01mol/L$］

临用前取草酸标准滴定溶液［$c(1/2H_2C_2O_4 \cdot 2H_2O)=0.1mol/L$］稀释制成。

B.11　硝酸银标准滴定溶液［$c(AgNO_3)=0.1mol/L$］

B.11.1　配制

B.11.1.1　称取17.5g硝酸银，加入适量水使之溶解，并稀释至1000mL，混匀，避光保存。

B.11.1.2　需用少量硝酸银标准溶液时，可准确称取约4.3g在硫酸干燥器中干燥至恒重的硝酸银（优级纯）加水使之溶解，移至250mL容量瓶中，并稀释至刻度，混匀，避光保存。

B.11.1.3　淀粉指示液：称取0.5g可溶性淀粉，加入约5mL水，搅匀后缓缓倾入100mL沸水中，随加随搅拌，煮沸2min，放冷，备用。此指示液应临用时配制。

B.11.1.4　荧光黄指示液：称取0.5g荧光黄，用乙醇溶解并稀释至100mL。

B.11.2　标定

B.11.2.1　采用B.11.1.1配制的硝酸银标准溶液的标定：准确称取约0.2g在270℃干燥至恒量的基准氯化钠，加入50mL水使之溶解。加入5mL淀粉指示液，边摇动边用硝酸银标准溶液避光滴定，近终点时，加入3滴荧光黄指示液，继续滴定混浊液由黄色变为粉红色。

B.11.2.2 采用 B.11.1.2 配制的硝酸银标准溶液不需要标定。

B.11.3 计算

B.11.3.1 由 B.11.1.1 配制的硝酸银标准滴定溶液的浓度按式（B.6）计算。

$$c_6=\frac{m}{V\times 0.05844} \tag{B.6}$$

式中：

c_6——硝酸银标准滴定溶液的实际浓度，单位为摩尔每升（mol/L）；

m——基准氯化钠的质量，单位为克（g）；

V——硝酸银标准溶液用量，单位为毫升（mL）；

0.05844——与 1.00mL 硝酸银标准滴定溶液 $[c[AgNO_3)=1mol/L]$ 相当的基准氯化钠的质量，单位为克（g）。

B.11.3.2 由 B.11.1.2 配制的硝酸银标准滴定溶液的浓度按式（B.7）计算。

$$c_7=\frac{m_2}{V\times 0.1699} \tag{B.7}$$

式中：

c_7——硝酸银标准滴定溶液的实际浓度，单位为摩尔每升（mol/L）；

m——硝酸银（优级纯）的质量，单位为克（g）；

V——配制成的硝酸银标准溶液的体积，单位为毫升（mL）；

0.1699——与 1.00mL 硝酸银标准滴定溶液 $[c(AgNO_3)=0.1000mol/L]$ 相当的硝酸银的质量，单位为克（g）。

B.12 硝酸银标准滴定溶液 $[c(AgNO_3)=0.02mol/L$、$c(AgNO_3)=0.01mol/L]$

临用前取硝酸银标准滴定溶液 $[c(AgNO_3)=0.1mol/L]$ 稀释制成。

B.13 碘标准滴定溶液 $[c(1/2I_2)=0.1mol/L]$

B.13.1 配制

B.13.1.1 称取 13.5g 碘，加 36g 碘化钾、50mL 水，溶解后加入 3 滴盐酸及适量水稀释至 1000mL。用垂融漏斗过滤，置于阴凉处，密闭，避光保存。

B.13.1.2 酚酞指示液：称取 1g 酚酞用乙醇溶解并稀释至 100mL。

B.13.1.3 淀粉指示液：同 B.11.1.3。

B.13.2 标定

准确称取约 0.15g 在 105℃ 干燥 1h 的基准三氧化二砷，加入 10mL 氢氧化钠溶液（40g/L），微热使之溶解。加入 20mL 水及 2 滴酚酞指示液，加入适量硫酸（1+35）至红色消失，再加 2g 碳酸氢钠、50mL 水及 2mL 淀粉指示液。用碘标准溶液滴定至溶液显浅蓝色。

B.13.3 计算

碘标准滴定溶液浓度按式（B.8）计算。

$$c_8=\frac{m}{V\times 0.04946} \tag{B.8}$$

式中：

c_8——碘标准滴定溶液的实际浓度，单位为摩尔每升（mol/L）；

m——基准三氧化二砷的质量，单位为克（g）；

V——碘标准溶液用量，单位为毫升（mL）；

0.04946——与 0.100mL 碘标准滴定溶液[$c(1/2I_2)$=1.000mol/L]相当的三氧化二砷的质量，单位为克（g）。

B.14　碘标准滴定溶液[$c(1/2I_2)$=0.02mol/L]

临用前取碘标准滴定溶液[$c(1/2I_2)$=0.1mol/L]稀释制成。

B.15　硫代硫酸钠标准滴定溶液[$c(Na_2S_2O_3\cdot 5H_2O)$=0.100mol/L]

B.15.1　配制

B.15.1.1　称取 26g 硫代硫酸钠及 0.2g 碳酸钠，加入适量新煮沸过的冷水使之溶解，并稀释至 1000mL，混匀，放置一个月后过滤备用。

B.15.1.2　淀粉指示液：同 B.11.1.3。

B.15.1.3　硫酸（1+8）：吸取 10mL 硫酸，慢慢倒入 80mL 水中。

B.15.2　标定

B.15.2.1　准确称取约 0.15g 在 120℃干燥至恒量的基准重铬酸钾，置于 500mL 碘量瓶中，加入 50mL 水使之溶解。加入 2g 碘化钾，轻轻振摇使之溶解。再加入 20mL 硫酸（1+8），密塞，摇匀，放置暗处 10min 后用 250mL 水稀释。用硫代硫酸钠标准溶液滴至溶液呈浅黄绿色，再加入 3mL 淀粉指示液，继续滴定至蓝色消失而显亮绿色。反应液及稀释用水的温度不应高于 20℃。

B.15.2.2　同时做试剂空白试验。

B.15.3　计算

硫代硫酸钠标准滴定溶液的浓度按式（B.9）计算。

$$c_9=\frac{m}{(V_1-V_2)\times 0.04903} \tag{B.9}$$

式中：

c_9——硫代硫酸钠标准滴定溶液的实际浓度，单位为摩尔每升（mol/L）；

m——基准重铬酸钾的质量，单位为克（g）；

V_1——硫代硫酸钠标准溶液用量，单位为毫升（mL）；

V_2——试剂空白试验中硫代硫酸钠标准溶液用量，单位为毫升（mL）；

0.04903——与 1.00mL 硫代硫酸钠标准滴定溶液[$c(Na_2S_2O_3\cdot 5H_2O)$=1.000mol/L]相当的重铬酸钾的质量，单位为克(g)。

B.16　硫代硫酸钠标准溶液[$c(Na_2S_2O_3\cdot 5H_2O)$=0.02mol/L、$c(Na_2S_2O_3\cdot 5H_2O)$=0.01mol/L]

临用前取 0.10mol/L 硫代硫酸钠标准溶液，加新煮沸过的冷水稀释制成。

B.17　乙二胺四乙酸二钠标准滴定溶液（$C_{10}H_{14}N_2O_8Na_2\cdot 2H_2O$）

B.17.1　配制

B.17.1.1　乙二胺四乙酸二钠标准滴定溶液[$c(C_{10}H_{14}N_2O_8Na_2\cdot 2H_2O)$=0.05mol/L]：称取 20g 乙二胺四乙酸二钠($C_{10}H_{14}N_2O_8Na_2\cdot 2H_2O$)，加入 1000mL 水，加热使之溶解，冷却后摇匀。置于玻璃瓶中，避免与橡皮塞、橡皮管接触。

B.17.1.2　乙二胺四乙酸二钠标准滴定溶液[$c(C_{10}H_{14}N_2O_8Na_2\cdot 2H_2O)$=0.02mol/L]：按 B.17.1.1 操作，但乙二胺四乙酸二钠量改为 8g。

B.17.1.3　乙二胺四乙酸二钠标准滴定溶液[$c(C_{10}H_{14}N_2O_8Na_2\cdot 2H_2O)$=0.01mol/L]：按 B.17.1.1 操作，但乙二胺四乙酸二钠量改为 4g。

B. 17. 1. 4　氨水-氯化铵缓冲液（pH＝10）：称取 5. 4g 氯化铵，加适量水溶解后，加入 35mL 氨水，再加水稀释至 100mL。

B. 17. 1. 5　氨水（4→10）：量取 40mL 氨水，加水稀释至 100mL。

B. 17. 1. 6　铬黑 T 指示剂：称取 0. 1g 铬黑 T［6-硝基-1-（1-萘酚-4-偶氮）-2-萘酚-4-磺酸钠］，加入 10g 氯化钠，研磨混合。

B. 17. 2　标定

B. 17. 2. 1　乙二胺四乙酸二钠标准滴定溶液［$c(C_{10}H_{14}N_2O_8Na_2 \cdot 2H_2O)=0.05mol/L$］：准确称取约 0. 4g 在 800℃灼烧至恒量的基准氧化锌，置于小烧杯中，加入 1mL 盐酸，溶解后移入 100mL 容量瓶，加水稀释至刻度，混匀。吸取 30. 00mL～35. 00mL 此溶液，加入 70mL 水，用氨水(4→10)中和至 pH7～8，再加 10mL 氨水-氯化铵缓冲液(pH10)，用乙二胺四乙酸二钠标准溶液滴定，接近终点时加入少许铬黑 T 指示剂，继续滴定至溶液自紫色转变为纯蓝色。

B. 17. 2. 2　乙二胺四乙酸二钠标准滴定溶液［$c(C_{10}H_{14}N_2O_8Na_2 \cdot 2H_2O)=0.02mol/L$］：按 B. 17. 2. 1 操作，但基准氧化锌量改为 0. 16g；盐酸量改为 0. 4mL。

B. 17. 2. 3　乙二胺四乙酸二钠标准滴定溶液［$c(C_{10}H_{14}N_2O_8Na_2 \cdot 2H_2O)=0.02mol/L$］：按 B. 17. 2. 2 操作，但容量瓶改为 200mL。

B. 17. 2. 4　同时做试剂空白试验。

B. 17. 3　计算

乙二胺四乙酸二钠标准滴定溶液浓度按式（B. 10）计算。

$$c_{10}=\frac{m}{(V_1-V_2)\times 0.08138} \tag{B. 10}$$

式中：

c_{10}——乙二胺四乙酸二钠标准滴定溶液的实际浓度，单位为摩尔每升（mol/L）；

m——用于滴定的基准氧化锌的质量，单位为毫克（mg）；

V_1——乙二胺四乙酸二钠标准溶液用量，单位为毫升（mL）；

V_2——试剂空白试验中乙二胺四乙酸二钠标准溶液用量，单位为毫升（mL）；

0. 08138——与 1. 00mL 乙二胺四乙酸二钠标准滴定溶液［$c(C_{10}H_{14}N_2O_8Na_2 \cdot 2H_2O)=1.000mol/L$］相当的基准氧化锌的质量，单位为克(g)。

附录 C
（资料性附录）
常用酸碱浓度表

C.1 常用酸碱浓度表（市售商品）

表 C.1

试剂名称	分子量	含量/(%) (质量分数)	相对密度	浓度 /(mol/L)
冰乙酸	60.05	99.5	1.05(约)	17(CH_3COOH)
乙酸	60.05	36	1.04	6.3(CH_3COOH)
甲酸	46.02	90	1.20	23(HCOOH)
盐酸	36.5	36～38	1.18(约)	12(HCl)
硝酸	63.02	65～68	1.4	16(HNO_3)
高氯酸	100.5	70	1.67	12($HClO_4$)
磷酸	98.0	85	1.70	15(H_3PO_4)
硫酸	98.1	96～98	1.84(约)	18(H_2SO_4)
氨水	17.0	25～28	0.8～8(约)	15($NH_3 \cdot H_2O$)

C.2 常用洗涤液的配制和使用方法

C.2.1 重铬酸钾-浓硫酸溶液（100g/L）（洗液）：称取化学纯重铬酸钾 100g 于烧杯中，加入 100mL 水，微加热，使其溶解。把烧杯放于水盆中冷却后，慢慢加入化学纯硫酸，边加边用玻璃棒搅动，防止硫酸溅出，开始有沉淀析出，硫酸加到一定量沉淀可溶解，加硫酸至溶液总体积为 1000mL。

该洗液是强氧化剂，但氧化作用比较慢，直接接触器皿数分钟至数小时才有作用，取出后要用自来水充分冲洗 7 次～10 次，最后用纯水淋洗 3 次。

C.2.2 肥皂洗涤液、碱洗涤液、合成洗涤剂洗涤液：配制一定浓度，主要用于油脂和有机物 的洗涤。

C.2.3 氢氧化钾-乙醇洗涤液（100g/L）：取 100g 氢氧化钾，用 50mL 水溶解后，加工业乙醇至 1L，它适用洗涤油垢、树脂等。

C.2.4 酸性草酸或酸性羟胺洗涤液：称取 10g 草酸或 1g 盐酸羟胺，溶于 10mL 盐酸（1＋4）中，该洗液洗涤氧化性物质。对沾污在器皿上的氧化剂，酸性草酸作用较慢，羟胺作用快且易洗净。

C.2.5 硝酸洗涤液：常用浓度（1＋9）或（1＋4），主要用于浸泡清洗测定金属离子时的器皿。一般浸泡过夜，取出用自来水冲洗，再用去离子水或亚沸水冲洗。

洗涤后玻璃仪器应防止二次污染。

参 考 文 献

[1] 中华人民共和国国家标准 . GB 5009. 1—2003 食品卫生检验方法　理化部分 .

[2] 中华人民共和国卫生部 . GB 5009. 3—2010. 食品安全国家标准——食品中水分的测定 . 2010.

[3] 中华人民共和国卫生部 . GB 5009. 4—2010. 食品安全国家标准——食品中灰分的测定 . 2010.

[4] 中华人民共和国卫生部 . GB 5009. 5—2010. 食品安全国家标准——食品中蛋白质的测定 . 2010.

[5] 中华人民共和国卫生部 . GB/T 5009. 7—2008. 食品中还原糖的测定 .

[6] 中华人民共和国卫生部 . GB 5009. 12—2010. 食品安全国家标准——食品中铅的测定.

[7] 中华人民共和国卫生部 . GB 5009. 24—2010，食品安全国家标准——食品中黄曲霉毒素 M_1 和 B_1 的测定.

[8] 中华人民共和国卫生部 . GB 5009. 33—2010. 食品安全国家标准——食品中亚硝酸盐和硝酸盐的测定.

[9] 中华人民共和国卫生部 . GB 15413. 3—2010，食品安全国家标准——婴幼儿食品和乳品中脂肪的测定.

[10] 吴晓彤. 食品检测技术. 北京：化学工业出版社，2010.

[11] 尹凯丹，张奇志. 食品理化分析. 北京：化学工业出版社，2010.

[12] 食品卫生检验新技术标准规程手册 . 北京：光明日报出版社，2004.

[13] 王燕 . 食品检验技术（理化部分）. 北京：化学工业出版社，2009.

[14] 侯雨泽，李道敏、董铁有 . 食品理化检验 . 北京：化学工业出版社，2003.

[15] 穆华荣，于淑萍 . 食品分析 . 北京：化学工业出版社，2004.

[16] 张英 . 食品理化与微生物检测实验 . 北京：中国轻工业出版社，2004.

[17] 刘长虹 . 食品分析及实验 . 北京：化学工业出版社，2006.

[18] 金明琴. 食品分析. 北京：化学工业出版社，2012.

[19] 李东凤. 食品分析综合实训. 北京：化学工业出版社，2008.

[20] 张意静 . 食品分析技术 . 北京：中国轻工业出版社，2001.

[21] 刘爱红. 食品毒理基础. 北京：化学工业出版社，2012.

[22] 蔡健. 乳品加工技术. 北京：化学工业出版社，2011.

[23] 武建新 . 乳品生产技术 . 北京：科学出版社 . 2004.

[24] 马兆瑞，现代乳制品加工技术 . 北京：科学出版社，2011.

[25] 浮吟梅. 肉制品加工技术. 北京：化学工业出版社，2011.

[26] 祝战斌. 果蔬加工技术. 北京：化学工业出版社，2011.

[27] 叶敏. 饮料加工技术. 北京：化学工业出版社，2010.

[28] 顾宗珠. 焙烤食品加工技术. 北京：化学工业出版社，2012.